U0246611

发电厂和变电（换流）站直流电源系统可靠性

李晶　陈缨　陈轲娜　罗洋　著

中国电力出版社
CHINA ELECTRIC POWER PRESS

内 容 提 要

电力系统是现代经济社会发展的重要能源基础。发电厂和变电（换流）站用交直流电源系统是影响电力系统发、输、变、配电安全可靠运行的关键环节之一。

本书共分为 8 章，分别是概述、术语和缩略词、系统设计、主要设备、运行与维护、可靠性分析、新技术和新型设备、标准化体系分析。并将相关 IEC 基础、设备、测试装置技术标准一览表放在附录中，方便使用。

本书可供从事直流电源类设备制造、安装、运行、维护等专业技术人员和管理人员使用。

图书在版编目（CIP）数据

发电厂和变电（换流）站直流电源系统可靠性/李晶等著. —北京：中国电力出版社，2018.11（2023.4 重印）

ISBN 978-7-5198-1801-2

Ⅰ.①发… Ⅱ.①李… Ⅲ.①发电厂–直流电源–系统可靠性②变电所–直流电源–系统可靠性 Ⅳ.①TM6

中国版本图书馆 CIP 数据核字（2018）第 039006 号

出版发行：中国电力出版社
地　　址：北京市东城区北京站西街 19 号（邮政编码 100005）
网　　址：http://www.cepp.sgcc.com.cn
责任编辑：罗　艳（yan-luo@sgcc.com.cn，010-63412315）　夏华香
责任校对：黄　蓓　常燕昆
装帧设计：张俊霞
责任印制：石　雷

印　　刷：三河市万龙印装有限公司
版　　次：2018 年 11 月第一版
印　　次：2023 年 4 月北京第二次印刷
开　　本：710 毫米×980 毫米　16 开本
印　　张：11.75
字　　数：179 千字
印　　数：1001—1500 册
定　　价：98.00 元

电力系统是现代经济社会发展的重要能源基础。发电厂和变电（换流）站用交直流电源系统是影响电力系统发、输、变、配电安全可靠运行的关键环节之一，其在电能的生产、输送、配变过程中为电动机械设备、操作保护装置、滤波补偿器件以及照明消防设施等辅助设备提供电能的系统，不仅需要在正常情况下为辅助设备提供电能，更需要能在电网故障等异常情况下为重要辅助设备提供连续可靠的电能，保障发电厂、换流站和变电站正常运行，避免事故扩大、确保故障后快速恢复的基本保障。

随着社会经济和技术的发展，电力技术不断发展，电力系统与智能化技术广泛融合，电力系统的运行、控制和调度的数字化、信息化和智能化等方面得到显著的进步，对发电厂、换流站和变电站用交直流电源系统的运行稳定性和供电可靠性提出了更高的要求。

在此背景下，作者从发电厂、换流站和变电站用直流系统设计、产品选型、系统监测检测、调试以及维护等方面系统性地进行论述，介绍了新技术的发展和应用，并对 IEC、IEEE 等组织在该领域的标准化情况进行了阐述，力求为读者提供新的综合性论述和有价值的信息与建议。

书中选用了部分系统结构图、产品实物照片以供读者参考。

本书在撰写过程中，得到国家电网有限公司国际合作部、设备管理部和南方电网公司生产技术部的关切和指导，并得到了成都勘测设计研究院有限公司、南方电网深圳供电局有限公司、北京人民电器厂有限公司、深圳市泰昂能源科技股份有限公司、东方电气（成都）工程设计咨询有限公司和川开电气集团等单位的大力支持。参与本书技术指导、结构审核及资料提供的主要专家有范建斌、解晓东、罗锦、杨忠亮、穆焜、何易、张明丽、赵志群、王洪、赵梦欣、赵文庆、潘峰、王凤仁、吴曦、李涌泉、谭泳玲等，本书部分插图由国网四川省电力公司经济研究院曾鉴、蔡刚林、黄霞协助绘制。在此，谨向他们出色贡献致以衷心的感谢。

由于这是本书的初版，难免存在论述不够充分之处，敬请读者批评指正。

作　者
2018 年 9 月于成都

目 录

1 概　述

1.1 发电厂和变电（换流）站直流系统

电力系统发、输、配电过程中，锅炉、发电机组、换流阀以及电力变压器等主要电力一次设备的启停、运转和检修需要大量的电动机械设备、操作保护装置、滤波补偿器件以及照明消防设施等辅助设备。为这些辅助设备提供电能的系统称为发电厂和变电（换流）站用电系统。

发电厂和变电（换流）站用电系统是保障发电厂、换流站和变电站正常运行不可缺失的重要辅助系统，是避免事故扩大、确保故障后快速恢复的基本保障，是直接影响电力系统发、输、变、配电安全、可靠运行的关键环节之一。发电厂和变电（换流）站用电系统不仅需要在正常情况下为辅助设备提供电能，更需要能在电网故障等异常情况下为重要辅助设备提供连续可靠的电能，以确保事故状态下人身和设备的安全，以及故障的快速恢复。

而且，近年来电力技术不断发展，电力系统与智能化技术广泛融合，电力系统的运行、控制和调度的数字化、信息化和智能化等方面得到显著进步。这同时也对发电厂和变电（换流）站用电系统的运行稳定性和供电可靠性提出了更高的要求。

根据 IEC Std−60038 标准，交流 1000V 及以下、直流 1500V 及以下电压等级的系统称为低压系统。所以依据电压等级的不同，发电厂和变电（换流）站用电系统分为发电厂和变电（换流）站高压用电系统和发电厂和变电（换流）站低压用电系统。而按照电源性质和负荷特性，发电厂和变电（换流）站低压用电系统又可分为发电厂和变电（换流）站低压直流系统［简称"发电厂和变电（换流）站用直流系统"］和发电厂和变电（换流）站用低压交流系统。发电厂和变电（换流）站用低压交流系统在《发电厂和变电（换流）站交流电源系统可靠性》一书中介绍。本专著主要对发电厂和变电（换流）站用直流系统进行阐述。

发电厂、变电站或换流站内所有的继电保护、自动装置、公用测控装置以及二次控制回路、断路器分合闸操动机构、事故照明等设备作为非常重要的负荷，是需要连续可靠供电的工作电源。即使电网故障造成全部交流电源中断时，也应保证这些负荷的正常供电，这就需要储能装置的支持。由于直流电源自带储能设备（如蓄电池组），能在交流失电的情况下不间断地供电，且兼具有保安电源的功能，所以，为保障重要负荷的安全运行，在发电厂、变电站或换流站中选择采用直流电源供电。根据不同的储能方式构成了不同的直流电源：蓄电池组与充电装置等构成的蓄电池直流电源；充电装置与大容量储能电容器构成的电容储能式直流电源；将交流电源和互感器输出分别整流形成的复式直流电源等。由于安全可靠性低且使用、检测及维护困难等因素，后两种直流电源方式早已被淘汰。现在广泛应用于各发电厂、变电站或换流站的是蓄电池组与充电装置等构成的直流电源，直流电源与馈电网络构成的系统称为发电厂和变电（换流）站用直流系统，即俗称的直流电源系统，如图1-1所示。

发电厂和变电（换流）站用直流系统是在正常和事故情况下都能保证可靠供电的电源系统，主要由蓄电池组、充电装置和馈电网络三大部分组成。为监控和监测发电厂和变电（换流）站用直流系统的运行状态，还会配置一些辅助设备，如直流绝缘监测、蓄电池电压监测等。发电厂和变电（换流）站用直流系统在正常运行时，由充电装置为直流负荷供电并对蓄电池组充电，以保证蓄电池组始终处于满容量状态。当交流电源停电或充电装置停止工作时，由蓄电池组不间断地向直流负荷供电。

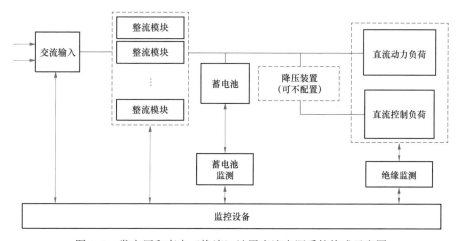

图1-1　发电厂和变电（换流）站用直流电源系统构成示意图

1.2　发展过程和应用现状

随着电力系统的技术发展，发电厂和变电（换流）站用直流系统经历了不同阶段的技术更新。20 世纪 90 年代以来，电力系统逐渐采用了以阀控式密封铅酸蓄电池、高频开关模块型充电装置和微机型直流电源成套装置为主要设备的发电厂和变电（换流）站用直流系统。它们相对历史上的液体整流、硅整流和复式整流等各种型式发电厂和变电（换流）站用直流系统而言，在运行水平及可靠性上有了质的突破。

近年来，发电厂和变电（换流）站用直流系统在线监测的新技术得到了快速发展及应用。直流电源开始趋于智能化，能够在线监测直流电源设备运行状态，进行远方分析，并具备部分远方控制功能，提高了直流电源智能监控与运维水平。根据调查，发电厂和变电（换流）站用直流系统在线监测技术自发展以来，由于缺少相关标准规范，也没有第三方权威机构发布的技术及应用情况分析报告，制约了直流电源在线监测的产品设计、生产制造与新技术应用等方面的发展。

经过调研和讨论，现阶段的发电厂和变电（换流）站用直流系统在实际运行方面仍存在一些问题，有待研究的深化和技术的发展，主要表现为：

（1）蓄电池离线的运维措施难以对蓄电池有效管控。蓄电池组核对性放电试验是验证蓄电池容量的最有效手段，但是前后次试验一般间隔为 1 年或 2 年，造成长时间无法有效验证蓄电池容量。通常将分析蓄电池内阻作为判断蓄电池容量变化的辅助手段，但内阻测试受到多种因素的影响，还有待继续研究提高。目前，蓄电池浮充电压测试、内阻测试和核对性放电试验等存在大量的人工工作量，运行单位需要耗费大量的人力和物力，且故障电池甄别的效率低。因此，"蓄电池远程核对性放电"等远方遥控操作的安全性和可靠性有必要开展进一步地论证，在条件允许的情况下推动相应技术的发展和应用。

（2）蓄电池容量预估能力不足。监控及运维人员无法直观掌握蓄电池的真实容量。特别在发电厂和变电（换流）站交流失电而由蓄电池组供电时，远方监控及运维人员无法知晓蓄电池组的剩余供电时间，从而影响事故的处理进程。

（3）高频开关模块无法自动控制在最佳输出状态。充电装置的容量是按满足蓄电池组均衡充电要求设计的，同时高频开关模块采用冗余配置，因此在长时间的蓄电池浮充电过程中，大部分充电装置的输出电流较小，部分高频模块空载或低载运行，从而降低了充电装置的稳流精度，加大了模块充电回路的纹波系数，影响了蓄电池的运行寿命。

因此，充电装置应根据负荷状况智能控制高频开关模块的运行数量，保持模块在最佳输出状态。目前，部分产品可以实现该功能，但产品的稳定性还有待提高。

（4）直流电源系统通信规约不规范。直流电源系统信息输出通常采用私有协议，因而部分直流电源系统无法与综合自动化系统通信，或者通信不稳定而造成频繁告警。

（5）直流电源设备兼容性差。不同制造企业的直流电源设备无法全兼容。新换直流电源设备的信息通常无法接入运行的直流电源监控装置或一体化监控装置，给运行单位的设备改造带来难度，影响运行单位设备的正常运行和投资效益。

电厂装机容量的增大、电网规模的扩展和运行电压等级的提高，以及电力系统综合自动化与智能化技术水平的不断提升和大量应用，对发电厂和变电（换流）站用电的供电可靠性和安全性提出了更高的要求。发电厂和变电（换流）站主设备自动化及智能化程度越高，如发电厂 DCS（集散控制系统）的应用、变电站断路器机械操动程序化控制的智能设备的出现等，其安全运行对辅助电源的"依赖"程度也越严重。一旦发电厂和变电（换流）站用电系统发生故障，就非常容易造成主设备丧失控制与保护功能。特别是在电网发生故障时，无法快速切除故障甚至造成事故扩大，延缓电网恢复时间，使电力系统受到的危害和引起的损失会更大。

由于发电厂和变电（换流）站用直流系统的不停电特性，所以系统一旦投入运行，很难有机会像其他设备那样可以全部停下来进行设备检修。因此，需要尽可能地将整个发电厂和变电（换流）站用直流系统设计成结构简单、安全可靠、运行灵活且方便检修的系统。近年来，由于发电厂和

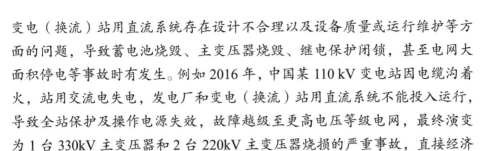

变电（换流）站用直流系统存在设计不合理以及设备质量或运行维护等方面的问题，导致蓄电池烧毁、主变压器烧毁、继电保护闭锁，甚至电网大面积停电等事故时有发生。例如2016年，中国某110 kV变电站因电缆沟着火，站用交流电失电，发电厂和变电（换流）站用直流系统不能投入运行，导致全站保护及操作电源失效，故障越级至更高电压等级电网，最终演变为1台330kV主变压器和2台220kV主变压器烧损的严重事故，直接经济损失达63万美元。

然而，长期以来发电厂和变电（换流）站用低压直流系统未得到足够的重视，再加上其负荷种类众多、回路分布广和网络复杂等特点，不恰当的设计和设备选型使得该系统易出现容量配置不合理、网络拓扑结构不完善、保护电器的上下级差配合不当、保护装置与电缆不匹配以及系统绝缘监测装置对系统电压的扰动等问题。

为此，本书从发电厂和变电（换流）站用直流系统的系统设计、产品选型、系统监测检测、调试以及维护等方面系统性地进行阐述，介绍了发电厂和变电（换流）站用直流系统新技术的发展和应用，并汲取了工程应用中的事故教训，从而为获得可靠、经济的发电厂和变电（换流）站用直流电源系统提供有价值的信息与建议。本书共8章：

第1章：概述。介绍发电厂和变电（换流）站用直流系统的基本概念和系统的组成，介绍各国发电厂和变电（换流）站用直流系统的应用情况，以及本书的编制背景和主要章节内容。

第2章：术语和缩略词。对本书的关键术语进行了解释，并列出文中的英文缩略词。

第3章：系统设计。简单介绍发电厂和变电（换流）站用直流系统设计的基本要求、设计流程以及设计的主要内容，对直流负荷的分类和容量统计、电压选择、常用接地方式、系统的结构、系统的监测保护，以及蓄电池的容量计算等内容进行了阐述。

第4章：主要设备。介绍了厂用的蓄电池组、充电装置、保护电器、馈电屏柜、监控检测装置、降压装置以及电缆等主要设备功能、特性以及应用情况。

第5章：运行与维护。重点介绍了铅酸蓄电池的充电、放电、内阻测试、直流接地查找、直流断路器动作特性测试、充电装置特性测试以及日常巡视要点等内容。

第 6 章：可靠性分析。论述了影响发电厂和变电（换流）站用直流系统可靠性的关键因素，包括蓄电池容量配置、保护电器的级差配合以及选型、直流接地故障查找、检测技术等。

第 7 章：新技术和新型设备。介绍了近年来发电厂和变电（换流）站用直流系统的新产品和新技术，包括交、直流一体化电源系统、氢燃料电池的应用、移动式站用直流应急电源，以及绝缘监测装置仪等。

第 8 章：标准化体系分析。简单介绍了国际标准化组织的相关情况，分析了 IEC 技术标准体系现状，提出了发电厂和变电（换流）站用直流系统标准化体系框架及标准制定需求。

② 术语和缩略词

本章介绍了所使用到的术语和缩略词的定义。

2.1　术　　语

1. 系统标称电压

用以标志或识别系统电压的给定值。

2. 额定电压

通常由制造厂家确定，用以规定元、器件或设备工作条件的电压。

3. 蓄电池组

用电气方式连接起来的用作能源的两个或更多个单体蓄电池。

4. 控制负荷

电气和热工的控制、信号、测量、继电保护和自动装置等负荷。

5. 动力负荷

各类直流电动机、交流不间断电源、系统远动、通信装置电源和应急照明等负荷。

6. 经常负荷

指在发电厂和变电（换流）站用直流系统正常和事故工况下均应可靠供电的负荷。

7. 事故负荷

指发电厂和变电（换流）站用直流系统在交流系统事故停电时间内应可靠供电的负荷。

8. 冲击负荷

指在短时间内施加的较大负荷电流，分为初期冲击负荷和随机负荷。冲击负荷出现在事故初期（1min）称为初期冲击负荷；出现在事故末期或事故过程中称随机负荷。

9. 事故停电时间

用于选择蓄电池容量所设定的工程或设备的发电厂和变电（换流）站用交流系统停电时间，即蓄电池的事故放电时间。

10. 高频开关模块

是高频开关充电装置的基本单元，能独立进行充电和浮充电运行，并具有保护、监控和调节等基本功能。

2.2 缩 略 词

文中使用的缩略词见表 2-1。

表 2-1 缩 略 词

缩略词	全 称	中文解释
AGM	Absorbent Glass Mat（Battery）	玻纤贫液电池
ATSE	Automatic Transfer Switching Equipment	双电源自动转换开关
QF	Circuit Breaker	断路器
CPLD	Complex Programmable Logic Device	复杂可编程逻辑器件
DCS	Distributed Control System	集散控制系统
DOD	Depth of Discharge	放电深度
DSP	Digital Signal Processor	数字信号处理器
EMC	Electro Magnetic Compatibility	电磁兼容性
FPGA	Field Programmable Gate Array	现场可编程门阵列可编程控制器
SOC	State of Charge	充电状态
SOH	State of Health	电池健康状态
UPS	Uninterruptible Power Source	不间断电源系统
VLA	Vented Lead-Acid （Battery）	开口式铅酸蓄电池
VRLA	Value Regulated Lead Acid（Battery）	阀控式铅酸蓄电池

3 系统设计

3.1 设计的一般要求及流程

电力系统的发电厂、变电站及换流站等常规发电厂和变电（换流）站用直流系统的设计，总是在发电厂、变电站和换流站等完成了电力工程规模、选址、环评等前期工作，是在已确定的环境条件下开展的设计工作。所以发电厂和变电（换流）站用直流系统涉及的是发电厂、变电站和换流站内直流电源和直流配电网络的设计，包括蓄电池组、充电装置、馈电屏柜、控制和保护电器、连接导体（母线与电缆）、指示仪表及监测装置等设备的连接方式、基本功能、种类型式、配置数量以及额定参数值等的选择。同时，发电厂和变电（换流）站用直流系统的设计需要进行可靠性和经济性比较，还可能会涉及供电负载对系统设计的影响。总之，发电厂和变电（换流）站用直流系统设计的原则是安全可靠、经济适用以及便于安装和运维。

3.1.1 基本要求

发电厂和变电（换流）站用直流系统应向发电厂和变电（换流）站直流用电设备提供充足、可靠和优质的电能，故经济性、可靠性、灵活性是对电力系统发电厂和变电（换流）站用直流系统设计的基本要求。

1. 经济性

发电厂和变电（换流）站用直流系统设计必须考虑发电厂和变电（换流）站用直流系统建设、运行和维护的经济性。包括蓄电池、充电装置、馈电屏柜、开关设备、电缆、监测和检测等设备的一次投资和折旧，也包括运行中蓄电池的使用寿命、充电装置的工作效率、设备运行损耗、监控人工费用及维护中的检测、更换元器件的费用等。

2. 可靠性

发电厂和变电（换流）站用直流系统是保证发电厂、变电站和换流站安全可靠运行的重要辅助系统。而保证发电厂和变电（换流）站用直流系统可靠供电是设计工作的核心。可靠性包括充裕度和安全性两方面。

充裕度是指发电厂和变电（换流）站用直流系统维持连续供给直流负荷总的电能的能力，同时考虑系统元件的计划停运及合理的期望非计划停运，主要体现在供给经常负荷、冲击负荷及交流停电状态下连续供给事故负荷的供电能力。

安全性是指发电厂和变电（换流）站用直流系统承受突然发生扰动的能力，例如系统突然短路或失去系统元件等现象。

3. 灵活性

发电厂和变电（换流）站用直流系统的灵活性主要是体现在以下两方面：① 在系统设计时，要为投产后负荷的增长以及后期发电厂和变电（换流）站扩建时系统网络的变更等情况留有足够的裕度，具有在改扩建不大的情况下满足应有技术经济指标的能力；② 发电厂和变电（换流）站用直流系统运行方式灵活，具备能够满足正常运行、检修及事故情况下各种元件投退的能力。

3.1.2 基本流程

发电厂和变电（换流）站用直流系统的设计属于发电厂、变电站和换流站整体设计中的一个子部分，其设计应严格遵循发电厂、变电站和换流站的设计要求，包括环境、发电厂和变电（换流）站扩建等。一般而言，发电厂和变电（换流）站用直流系统的设计主要有准备阶段、调研阶段、系统容量的确定、系统电压等级的选择、系统结构的设计、系统的保护和监测的设计、设备选型、设备的布置等内容，见图 3–1。

在准备阶段，查阅项目可行性研究和初步设计报告，并收集发电厂和变电（换流）站地理位置、发电厂和变电（换流）站规模、项目造价和发电厂和变电（换流）站的设计要求等；在调研阶段，与客户沟通了解设计需求，收集发电厂和变电（换流）站所在地区的电源配置情况，收集发电厂和变电（换流）站运行方式、负荷特性、供电距离以及产品技术水平和市场等资料。此外，还需同时了解发电厂和变电（换流）站用低压交流系统的配置情况。

在充分准备和调研的前提下开始发电厂和变电（换流）站用直流系统的设计。首先，根据发电厂和变电（换流）站规模以及可能的负荷分布情

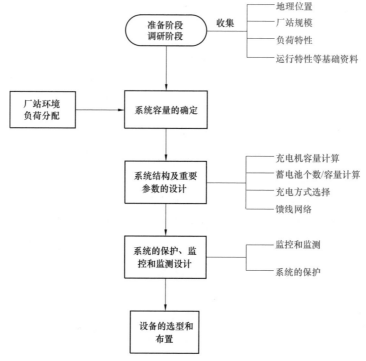

图 3-1 设计的基本流程

况，确定整个发电厂、变电站和换流站中需配置的独立发电厂和变电（换流）站用直流系统的数量。然后对每一套系统所供负荷进行负荷分类和统计，确定系统容量，并以此为基础对系统结构、系统电压和接地方式、系统的保护、系统的监测和检测等进行设计，最终确定该套发电厂和变电（换流）站用直流系统中的蓄电池组和充电机的配置数量以及容量等参数，以及具体负荷的供电方式、系统级差保护的设定和系统监测的要求等内容。

3.1.3 主要内容

1. 系统运行概况

发电厂和变电（换流）站用直流系统为辅助系统中的直流用电设备提供电能，主要由蓄电池组、充电装置和馈电网络构成。当交流电源正常时，充电装置将交流转换成直流，为经常性直流负荷供电的同时也为蓄电池组提供充电电流，蓄电池组会为需要短时冲击性电流的负荷提供大电流；当交流电源中断时，充电装置停止供电，所有的直流负荷由蓄电池组供电。

不同的发电厂、变电站和换流站的直流负荷大小、重要性及分布范围等都不同，直流电源的设计也不尽相同。比如在系统结构方面，出于供电可靠性考虑，发电厂和变电（换流）站用直流系统会有"单电单充""单电双充""两电两充"或"两电三充"等多种配置方案。所以，发电厂和变电（换流）站用直流系统的设计需要综合考虑可靠性、经济性和灵活性，其设计内容涵盖系统电压的选择、系统结构的确定、设备选型与布置等多方面。

2. 系统电压的选择

系统电压的确定将直接影响到蓄电池组中单体电池的个数、充电装置容量和电缆截面大小等相关设备参数的选择，需经过安全、经济分析后选择合适的电压等级。现有工程一般选用 220V 或 110V 电压等级的发电厂和变电（换流）站用直流系统，具体可见 3.3 节。

3. 系统结构的设计

根据发电厂、变电站和换流站的实际情况，可选择分散配置几套独立的直流系统或集中配置一套直流系统。通常，变电站集中设置一套发电厂和变电（换流）站用直流系统。但当变电站有无功补偿设备区（串补设备区或可控高抗设备区、SVG 设备区等），当这些区域距离变电站直流供电中心较远且电缆压降较难满足要求时，会单独设置专用直流电源系统。而发电厂和换流站往往规模较大，其负荷分布范围广、供电距离远，且各负荷单元的功能划分相对独立，故一般设置多个独立的发电厂和变电（换流）站用直流系统。比如大型发电厂在主厂房内按机组单元分别设置直流电源系统。

每个发电厂和变电（换流）站用直流系统根据蓄电池组、充电装置和直流母线的配置不同，有不同的接线方式，相关讨论详见 3.5.1～3.5.4 节。

发电厂和变电（换流）站用直流系统的接地方式、供电网络形式也是发电厂和变电（换流）站用直流系统设计需要重点考虑的内容。基于发电厂和变电（换流）站用直流系统的可靠性，一般设计采用不接地系统，即当正极或负极出现一点低阻接地故障时不会影响系统运行的供电连续性（详见 3.4 节）。供电网络形式包括有环形供电和辐射供电，两种网络形式在可靠性与经济性上各有优势，需要根据工程应用情况综合考虑（详见 3.5.5 节）。

4. 设备的选型与配置

（1）蓄电池组数量配置。发电厂、变电站和换流站等不同的电力工程，其蓄电池组的配置方式不同，需要按其各自的运行和管理方式特点进行设计。通常，发电厂按机组配置蓄电池组，其升压站单独配置蓄电池组，对大型机组设有多个独立的辅助系统时，也可为每个系统配备一组蓄电池；变电站一般装设 1～2 组蓄电池，当有双重化保护需求时需要配置 2 组蓄电池；换流站一般按极或阀组设置站用直流系统，每套系统一般至少装设 2 组蓄电池，公用系统可单独设置一套站用直流系统供电或由极（或阀组）直流系统来供电。

当设计有以快速启动柴油发电机作为备用电源的系统时，蓄电池组的配置数量可根据工程规模进行调整。

（2）蓄电池容量和串联只数的确定。在系统电压确定后，系统运行电压的范围也就明确了。根据供电负荷容量统计及对应的连续工作时间需求，则可确定蓄电池容量和串联的只数。负荷统计方法及供电时间的确定详见 3.2 节，蓄电池容量和串联只数的确定详见 3.8 节。

（3）配置充电装置。通常一组蓄电池需要配置一台充电装置，即单电单充或双电双充。为提高发电厂和变电（换流）站用直流系统运行的可靠性和运行方式的灵活性，设计时可选择采用单电双充和双电三充的冗余配置方式，即：一组蓄电池配置两台充电装置，两组蓄电池配置三台充电装置。关于充电装置的详细介绍见 3.5.4 节。

5. 系统设备的布置与安装

为减少电能损耗，方便运维管理，电源设备应集中布置并尽可能靠近负荷中心安装。应根据选择的蓄电池种类型式、额定容量参数等决定是否设计专用蓄电池室。蓄电池对温度的变化相当敏感，一些蓄电池在充电过程中会有易燃、易爆气体析出，所以蓄电池组的安装地点与相应的附属设施在其安全性等环境控制设计时需要考虑温度调节和防爆要求。

为防止和减小通道中电缆故障对发电厂和变电（换流）站用直流系统的影响，设计时应考虑直流电缆的防火和屏蔽问题，控制电缆还需要关注 EMC 要求，详见 4.6 节。

设备布置还应考虑后期运行维护的需求，例如，应保证蓄电池组的检修维护通道畅通；蓄电池室一侧布置蓄电池组或两侧布置蓄电池组时检修通道应有不同的宽度。

6. 系统保护设计

设备的选择应满足系统绝缘水平和预期短路电流的动稳定性和热稳定性要求。系统的安全可靠运行离不开保护电器的合理配置，直流系统保护电器的时间—电流动作带和额定参数是以直流为基准的。

（1）绝缘配合。系统绝缘水平由选定的系统电压所决定，已有相应的绝缘配合规范。当直流系统有大的感性负载时，存在产生操作过电压的可能性，如经计算分析其过电压幅值会对直流配电系统造成危害时需要考虑设置抑制或吸收过电压的装置，相关讨论见 3.8 节。

（2）短路电流。计算短路电流的主要目的是熔断器或断路器开断能力的选择，同时也涉及电缆截面的选择。预期短路电流会由蓄电池组、充电装置或电动机等提供，而熔断器、断路器或电缆回路等的阻抗会对短路电流产生不同的限流作用，因而计算短路电流时必须要考虑这些因素。短路电流的计算在 IEC 有专门的标准技术委员会发布指导方法，可参考相应的技术标准。

（3）保护电器与级差配合。为了限制直流配电系统故障的影响范围，各级保护电器在保证动作的灵敏性和选择性前提下，保护电器之间还需要满足上下级的级差配合要求。此外，设计时还要考虑保护电器和供电电缆的限流作用。保护电器的选择与级差配合的分析详见 3.7 节和6.2 节。

7. 系统的监控与监测

发电厂和变电（换流）站用直流系统运行状态的监控与监测对系统的正常运行至关重要。指示仪表、信号系统和通信系统的设计已比较成熟。但逐步得到广泛应用的在线监测装置现阶段仍需要设计师根据工程需求有选择地配置。监控和监测装置主要有交流输入电压（缺相）监测、直流母线电压监测、充电和放电电流监测、直流系统绝缘（接地故障）监测、蓄电池电压巡检以及蓄电池内阻检测等。

8. 设备维护与备品备件

设备应该按照产品技术条件和技术规范的规定进行试验、检修和更换等维护。设备维护的相关技术要求需要在设计时统筹考虑，如蓄电池组容量测试需要专门设置的放电回路，进行维护工作时的必须具备的场地、柜门开启角度与方向，以及检修电源设置等。

为方便、快速地处理缺陷和故障，根据系统配置情况以及设备故障率等进行备品备件储备。备品备件还需要考虑储存失效周期的要求。对一些设备可采用适当的冗余配置以达到减少备品备件的目的，如蓄电池组适当增加电池只数、充电装置整流模块冗余度由 $N+1$ 提高到 $N+2$ 等。所以，需要依据系统设计的特点和运行要求，综合分析必要性和迫切性来确定备品备件储备清单。

总之，发电厂和变电（换流）站用直流系统是快速、准确切除输变电系统故障，以及在发电厂和变电（换流）站低压交流系统停电状态下事故抢修、恢复输变电设备投切操作时的工作电源。为了尽可能提高发电厂和变电（换流）站用直流系统的供电可靠性，有必要对发电厂和变电（换流）站用直流系统中的主要设备实施冗余配置。但过度的冗余配置带来投资增加、系统结构复杂和运行维护不便等弊端。因此，在保证发电厂和变电（换流）站用直流系统基本安全要求的前提下，应根据准确、快速切除电网故障、保护重要设备和尽快恢复电网运行的原则，结合各类负荷特性及其供电要求的差异性，优化发电厂和变电（换流）站用直流系统设计，以实现发电厂和变电（换流）站用直流系统的高可靠性。不同国家或地区根据自身的长期运行经验，其发电厂和变电（换流）站用直流系统会凸显出有不同的特点，但基于高可靠性的设计理念是相通的。以下将对发电厂和变电（换流）站用直流系统的设计进行具体的描述和讨论。

3.2　直流负荷的分类和负荷容量的统计

直流系统中的直流负荷容量决定着充电装置的功率和蓄电池的容量选择，其中蓄电池的容量还与直流负荷在事故情况下的持续运行时间有关。同时，在直流系统实际运行中，所有的直流负荷并不会同时运行或达到满载状态，即直流负荷的实际容量与额定容量存在差异。若在直流系统设计中，仅简单地对所有直流负荷的额定容量进行求和，势必会造成充电装置的功率和蓄电池的容量选择过大。因此，根据直流负荷的特性和实际运行情况，并考虑到直流系统的安全性、可靠性和经济性，在直流负荷分类的基础上，分别对各类负荷进行统计计算是一种较好的工程计算方法。但在分类和统计计算中，某些直流负荷对电流、电压甚至电能质量都有特殊要求，这些需在分类和统计计算中一并考虑。

3.2.1 按负荷性质分类

尽管保证发电厂和变电（换流）站用电系统中直流负荷的可靠供电是至关重要的，但也并非所有的直流负荷都要求长时间可靠供电，如有些直流负荷仅在事故状态下长时间运行，有些直流负荷在正常和事故状态下短时间运行，有些直流负荷对供电质量有特殊要求等。因此，将直流负荷按性质分为经常负荷、事故负荷和冲击负荷，是为了便于直流负荷的统计计算。

1. 经常负荷

经常负荷是指直流系统在电力系统正常和事故工况下均应可靠供电的负荷。经常负荷主要包括：

（1）信号装置，如各类信号灯、位置指示器、光字牌和报警器等。

（2）继电保护和自动装置。

（3）电气和热工控制操作装置，如电气开关设备、跳合闸控制装置。

（4）电气和热工仪表，如以集成电路或微机为基础的仪表装置。

（5）直流电动机。

（6）语音报警负荷。

（7）通信系统。

2. 事故负荷

事故负荷是指全厂（站）交流停电状态下，须由直流系统供电的负荷。事故负荷主要包括：

（1）事故照明，是指交流停电后为事故处理和安全疏散提供的照明。

（2）直流油泵电动机，如汽轮机直流润滑油泵、氢冷发电机密封油泵等，这类负荷主要集中在火力发电厂。

（3）不间断电源（UPS），仅在交流电源事故停电的情况下作为事故负荷。

（4）远动通信备用电源：当发电厂、变电站和换流站没有配置专用的通信蓄电池组时，仅在交流电源事故停电状态下，由直流系统引接备用电源，并作为事故负荷。

（5）大于 1min 的电磁阀操作负荷。

（6）重要的通风设备。

（7）消防系统设备。

3. 冲击负荷

冲击负荷又称为随机负荷，是指在事故发生的任何时刻的极短时间内需要直流系统提供大电流的负荷。冲击负荷一般不超过 1min，典型的冲击负荷包括：

（1）断路器操作负荷。

（2）小于 1min 的电磁阀操作负荷。

（3）隔离开关操作负荷。

（4）发电机励磁电流。

（5）电动机启动电流。

（6）涌流。

3.2.2 按负荷功能分类

直流负荷按功能分为控制负荷和动力负荷两类。这两类负荷的容量和数量是有区别的，各自的特点及重要性直接决定着直流系统的接线方式。

1. 控制负荷

主要包括：电气控制、信号、测量负荷；热工控制、信号、测量负荷；继电保护、自动装置和监控系统负荷等。这类负荷一般对电压质量要求较高，数量多，分布范围广，但容量小。

2. 动力负荷

主要包括：各类直流电动机，如汽轮机润滑油泵、发电机氢密封油泵、给水泵润滑油泵等；高压断路器电磁操动机构和合闸机构；交流不间断电源装置；DC/DC 变换装置；直流应急照明负荷及热工动力负荷等。这类负荷数量少，但功率大，对蓄电池组的容量选择起着关键作用。

22

3.2.3 直流负荷统计的原则

（1）发电厂的一套厂用直流系统设有两组蓄电池时，按以下原则统计：

1）专供控制负荷的一套厂用直流系统中，若配置两组蓄电池，则两组蓄电池分别按所供的全部负荷来统计。

2）对于专供动力负荷的系统，若配置两组蓄电池，各组蓄电池所供的负荷会根据机组容量、机组控制方式和负荷的类型等因素来统计。比如，采用单元控制的大中型机组，两组蓄电池可按全部负荷统计；而有些采用主控制室控制的中小机组，动力负荷则平均分配在两组蓄电池。

3）对于动力和控制负荷联合供电的厂用直流系统，配置两组蓄电池时，每组蓄电池分别按全部控制负荷统计，而动力负荷的统计可参考2）。

（2）当变电站设有两组蓄电池时，或换流站的一套站用直流系统配置两组蓄电池时，则每组蓄电池按全部负荷统计。

（3）高压断路器合闸冲击负荷在事故恢复供电时按随机负荷统计。

（4）发电厂和变电（换流）站用直流系统蓄电池组有联络线时，负荷统计不变，即按各蓄电池组接入的负荷统计，不需要额外增加蓄电池组容量。

（5）（事故）用电负荷分析、计算准确合理，正确选择（事故）供电持续工作时间。

3.2.4 事故供电时间的确定

蓄电池事故供电时间需要不短于预期恢复交流供电所需的时间。预期恢复供电所需的时间由工程经验来判断。由于不同国家或地区的运维习惯、人员技术水平以及交通状况等情况不同，直流负荷事故供电时间的要求也不同，有1、2、4、6、8h等。

在美国，从故障报警到安排维修人员，之后维修人员到达变电站，再进行故障原因查找以及故障处理等环节，一般恢复供电时间需要8h或者更多，因此蓄电池的事故供电时间一般规定至少为8h。在一些特殊气候条件（如台风、龙卷风等）或节假日维护人员缺乏等情况下，蓄电池实际需要供电的时间往往会超过8h。

基于类似的考虑，在英国、澳大利亚、爱尔兰和波兰等国家，蓄电池组事故供电时间设计为 6～8h。

在中国，一般直流负荷预期事故供电时间为 1h 或 2h。与电力系统并网的发电厂或者有人值班的 500 kV 及以下的变电站，在全厂或站事故停电时，一般情况下恢复供电需要 30min 左右。为保证充裕性，事故供电时间按照 1h 来计算。而不与电力系统并网的独立发电厂，或者无人值班的变电站，考虑到失电原因查找、维修人员前往变电站的路途时间等因素，一般按照 2h 事故供电时间来计算。对于 1000kV 变电站、串补站和换流站等，考虑到电气主接线和配电装置规模庞大、操作相对复杂等因素，即使是有人值班站，其事故停电时间也按照 2h 来设计。但对于位置偏远、交通不便的无人值班变电站，2h 仍可能无法恢复供电，可将事故供电时间根据实际情况进行适当的延长。

3.2.5 直流负荷统计方法

在发电厂和变电（换流）站用直流系统的实际运行中，各直流负荷的特性差异较大，即便是同类直流负荷也不会同时运行或均同时达到满载状态。为了尽可能地准确统计计算实际的直流负荷，通常在直流负荷分类的基础上，充分考虑同类直流负荷间的运行工况、容量裕度及特性等，利用"负荷系数"去衡量实际计算负荷容量与额定标称容量的差异。然而，负荷系数是考虑安全、运行条件、设备特性和计算误差等因素而选取的平均数值，并非是一个准确值。各国的发电厂和变电（换流）站用直流系统的运行情况、设备特性和安全要求等不同，负荷系数的选取也不同。在中国发电厂和变电（换流）站用直流系统设计中，对负荷系数的选取做出了专门的规定，详见表 3-1。

蓄电池作为发电厂和变电（换流）站用直流系统中的重要备用电源，它的容量选取是由直流负荷的工作特性和交流电源事故停电情况下的持续运行时间所决定的。准确统计直流负荷在交流电源事故停电状态下的运行时间要求对蓄电池容量的选取格外重要。各国对直流负荷在交流电源事故停电状态下的运行时间要求不同，统计方式也不同。在中国发电厂和变电（换流）站用直流系统的设计中，专门设计了规范化的直流负荷统计表，便于工程设计人员快速查找各类负荷的不同要求。中国直流负荷统计表格式详见表 3-2。

表 3-1 直流负荷系数表（中国）

序号	负 荷 名 称	负荷系数
1	控制、保护、继电器	0.6
2	监控系统、智能装置、智能组件	0.8
3	热控直流负荷	0.6
4	高压断路器跳闸	0.6
5	高压断路器自投	1.0
6	恢复供电高压断路器合闸	1.0
7	氢（空）密封油泵	0.8
8	直流润滑油泵	0.9
9	变电站交流不间断电源	0.6
10	发电厂交流不间断电源	0.5
11	DC/DC 变换装置	0.8
12	直流长明灯	1.0
13	直流应急照明	1.0

表 3-2 直流负荷统计表（中国）

序号	负荷名称	装置容量	负荷系数	计算电流	经常负荷电流	事故放电时间及放电电流					随机
						初期	持续（min）				
						1min	1~30	30~60	60~120	120~180	5s
					I_{jc}	I_{chn}	I_1	I_2	I_3	I_4	I_R
1											
2											

3.3 系统电压的选择

发电厂和变电（换流）站用直流系统标称电压的选取关系着蓄电池组

容量及个数、充电装置功率、电缆与母排截面积、保护电器开断能力、系统绝缘水平、网络构成及其他设备器件的选取变化等，甚至会影响到系统的运行和维护，决定着系统的供电可靠性和安全性。然而，IEC 60038《IEC standard voltages》技术标准中仅规范了低于 750V 的直流设备额定电压，没有规范发电厂和变电（换流）站用直流系统的标称电压。因此，各国发电厂和变电（换流）站用直流系统电压也未形成统一的规范。如在美国，发电厂和变电（换流）站用直流系统电压主要包括 24、32、48、120V 和 240V 等；在中国，发电厂和变电（换流）站用直流系统电压主要包括 48、110V 和 220V 等；在英国的某些小型变电站中，直流配电柜与开关负荷相距仅几米，发电厂和变电（换流）站用直流系统电压还会选择 30V 或 50V。

虽然各个国家或地区的发电厂和变电（换流）站用直流系统标称电压值存在差异，但都遵循了技术性与经济性的选取原则。总的来说，在发电厂、变电站或换流站设计中，为了满足直流负荷的功率要求，且考虑到直流负荷类型和供电范围，发电厂和变电（换流）站用直流系统电压通常选取 110V 或 220V，而较少采用 48V。220V 的发电厂和变电（换流）站用直流系统具有电缆或母排截面积小、安装施工方便、工程投资少等优点；但同时具有系统绝缘水平高，一些线圈器件线径小、匝数多，容易产生断线或匝间短路故障等缺点。与之相比，110V 的发电厂和变电（换流）站用直流系统的优点是在蓄电池只数上减少了一半，系统绝缘水平降低，由操作带来的电压干扰减弱；但缺点是在供电距离较远时由于电缆压降较大而难以满足供电电压水平的要求，并且电缆截面积增大且蓄电池容量也需增加一倍。

在发电厂和变电（换流）站用直流系统设计中，根据直流负荷的分类及特性不同，会采用不同的发电厂和变电（换流）站用直流系统标称电压为不同类型的直流负荷供电。动力负荷的功率大、电流大，如应急水泵、大型阀门的操动机构和大型换流阀等，因此专供动力负荷的发电厂和变电（换流）站用直流系统电压可选择为 220V；控制负荷的功率小、电流小，因此发电厂和变电（换流）站用直流系统电压一般选择为 110V，但当其数量多、供电距离长时，考虑到技术和经济因素，标称电压又会选择为 220V。此外，为了使得发电厂和变电（换流）站用直流系统既简练又可靠，通常会对动力负荷和控制负荷的供电电压选择相同的电压值，如 220V。

如前所述，系统标称电压的选择是设计中最重要的工作。但系统运行各阶段的实际电压才是影响系统安全运行的根本因素。所以各国依据各自的发电厂和变电（换流）站用直流系统设备的额定技术参数指标、事故末期供电需要和连续工作时间等，确定了各自的系统运行电压的高低范围。但遵循的总的原则是，系统中设备的额定电压不应低于系统标称电压，其工作电压范围在设计中应考虑蓄电池组充电时出现的最高电压、蓄电池组放电末期的最低电压以及供电回路的电压降，还应考虑电动机启动、容性设备充电可能引起的系统短时电压降低等。当然，一些设备的电压波动范围在一些典型设计规范中可能会明确或进行规定。

可以设想，如果能够有一个统一的国际规范，必将会使制造商适当减少设备生产的品种规格，降低生产成本，随之减少工程造价，更便于系统的安装、调试、检修和运行维护。

3.4　常用的接地方式

发电厂和变电（换流）站用直流系统（不包括通信电源系统）为不接地系统。直流不接地系统是指正、负极均不接地的系统。系统的直流输出与交流输入实现了电气隔离，也与地、机架、和外壳实现了电气隔离。

220V 和 110V 发电厂和变电（换流）站用直流系统采用不接地系统，是为了提高直流电源运行的安全和可靠性，避免因一极接地或绝缘降低时造成直流母线失压，减少或避免对发电厂和变电（换流）站控制、保护等直流设备正常运行的影响。

3.5　系统结构的设计

通过对负荷的统计、蓄电池容量的计算以及系统电压的确定，再根据发电厂、变电站或换流站的规模以及负荷的重要程度来确定蓄电池的组数。在中国，110kV 及以下的变电站一般配置一组蓄电池，有些重要的 110kV

变电站也配置两组蓄电池。发电厂、换流站及 220～1000kV 变电站会根据发电厂和变电（换流）站规模的不同来选择集中或分散地配置发电厂和变电（换流）站用直流系统。例如，发电厂每台单元机组和升压站都会单独配置发电厂和变电（换流）站用直流系统，直流换流站会按极或阀组、公用设备分别设置发电厂和变电（换流）站用直流系统，且每套发电厂和变电（换流）站用直流系统配置两组蓄电池。对于具体到某个发电厂或变电站的直流系统而言，它的最佳设计方案既需要执行相关的设计标准，还应考虑到该发电厂和变电（换流）站的特殊要求和具体情况，例如该发电厂和变电（换流）站在电网系统的重要性、发电厂和变电（换流）站用直流系统的自动化水平、蓄电池的类型以及负荷的容量和位置等。

根据蓄电池组、充电装置和直流母线的配置不同，每套发电厂和变电（换流）站用直流系统有不同的接线方式。电源配置的方式主要有：单组蓄电池和单套充电装置，简称单电单充方式；单组蓄电池和两套充电装置，简称单电双充方式；两组蓄电池和两套充电装置，简称双电双充方式；两组蓄电池和三套充电装置，简称双电三充方式。直流母线分为动力母线和控制母线，接线方式有单母线、单母线分段以及多母线等几种在电力系统中应用最为广泛的典型设计。

3.5.1 单电单充方式

单电单充方式分为单母线、动母和控母分开接线的双母线以及配置应急联络线的三种接线方式。

1. 单母线接线的单电单充方式

如图 3-2 所示单母线接线的单电单充发电厂和变电（换流）站用直流系统，主要配置一台充电装置（$N+n$ 个充电模块）和一组蓄电池。充电装置通过直流母线和蓄电池组连接。正常运行时，充电装置通过母线直接给直流负荷供电，同时为蓄电池组提供浮充电流以弥补蓄电池组的自放电；当交流电源中断时，蓄电池组通过直流母线不间断地为直流负荷供电。

2. 双母线接线的单电单充方式

图 3-3 所示为动母和控母分开接线的双母线单电单充发电厂和变电（换流）站用直流系统，与单母线接线的差别是分别设置了一条动力母线 HM 和一条控制母线 KM，母线采用共负极接线方式。蓄电池组在动力母线 HM

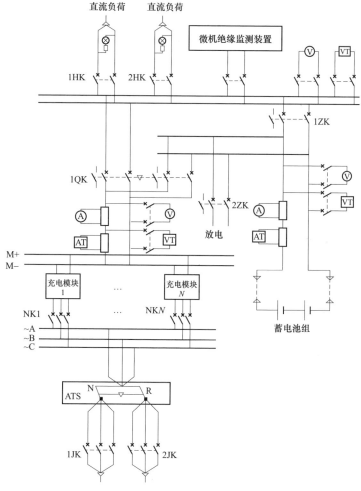

图 3-2 单母线接线的单电单充系统图

上，通过降压装置为控制母线 KM 供电。控制负荷由控制母线供电，动力负荷由动力母线供电。动力母线 HM 电压为蓄电池组端电压，控制母线 KM 电压由降压装置自动调节为控制负荷设置的电压值。

为提高交流电源的供电可靠性，充电装置配置有两路交流输入电源（AC380V 交流电源 1 号和 AC380V 交流电源 2 号），以及接触器或自动转换开关电器（ATSE），两路交流输入分别来自不同的两段交流母线。正常运行时交流电源 1 号为主电源。当交流电源 1 号的接触器失电或 ATSE 的控制器检测到交流电源 1 号发生故障（如缺相、欠电压、过电压或失电）时，交流电源 1 号的接触器跳开而交流电源 2 号的接触器闭合或 ATSE 控制器发出动作指令自动切换到交流电源 2 号；当交流电源 1 号的电源恢复后，一般情况下 ATSE 又会自动将直流系统的交流输入电源切换到交流电源 1 号。

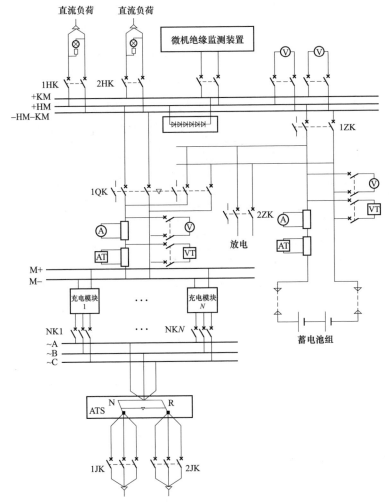

图 3-3　动母和控母分开接线的双母线单电单充系统图

为确保直流负荷的供电可靠性，发电厂和变电（换流）站用直流系统在运行中不允许直流母线脱离蓄电池组。在单电单充配置模式下，当蓄电池组需要进行检修或核对性放电试验时，通常会用另外的蓄电池组或其他储能设备（如 7.3 节的移动式站用直流应急电源）临时替代运行后，再退出待维护的蓄电池组。当没有备用储能设备时，只能采用辅助工具进行带电更换单只蓄电池等在线带电检修方式。为防止在核对性放电过程中突发交流电源中断故障造成蓄电池组容量不足而无法为直流负荷供电的情况发生，DL/T 724—2000《电力系统用蓄电池直流电源装置运行与维护技术规程》要求在只配置有一组蓄电池又无备用电池时，只能进行 50%深度的核对性放电试验。

3. 配置应急联络线的单电单充方式

为提高发电厂用直流系统单电单充配置的供电可靠性，解决蓄电池内部开路等突发事件下机组的应急之需，一种简单经济的方法是从另外相同电压等级的发电厂和变电（换流）站用直流系统接入应急电源，见图 3-4。具体方法是在发电厂不同机组的发电厂和变电（换流）站用直流系统之间设置应急联络回路，在因蓄电池组造成本段直流母线失压时，通过应急联络开关引入相邻机组的发电厂和变电（换流）站用直流系统为本段重要负荷继续供电，或在紧急情况下使机组能安全而有序地停机。接有应急电源回路的发电厂和变电（换流）站用直流系统在选择蓄电池组容量时，出于技术经济性考虑一般不需要计入应急回路的负荷。在正常运行时，应急联络回路的联络开关处于断开状态，只在应急状况下联络开关才会闭合。

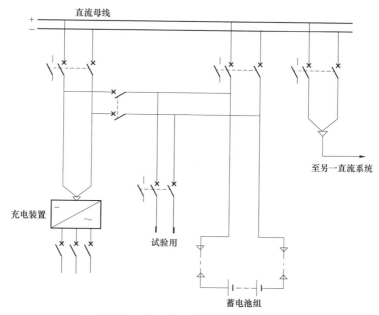

图 3-4　配置应急联络线的单电单充系统图

注意，由于应急电源回路之间的两组蓄电池可能会出现并列运行的情况，所以在设计方案选择时要考虑蓄电池组的并列条件和时间要求。由于变电站不具备上述条件，所以该接线一般适用于装设多机组的火力发电厂和水力发电厂。

3.5.2 单电双充方式

单电双充方式是在单电单充方式的基础上增加了一套充电装置，使两套充电装置实现互为备用，正常运行时的供电可靠性得以提升。单电双充方式有直流母线分段和不分段两种结构。

1. 直流母线不分段的单电双充方式

如图 3-5 所示为直流母线不分段的单电双充发电厂和变电（换流）站用直流系统图。

2. 直流母线分段的单电双充方式

如图 3-6 所示为直流母线分段的单电双充发电厂和变电（换流）站用直流系统图。在双套充电装置配置的基础上将直流母线分段，两套充电装置分别接至两段直流母线，蓄电池组通过分段开关即可连接至两段直流母线，也可在两段直流母线之间倒换，使两套充电装置实现互为备用。利用分段开关使直流母线分段运行，可限制充电装置和部分母线的故障范围，进一步提高了发电厂和变电（换流）站用直流系统的安全可靠性。但由于仍然只配置的是单组蓄电池，所以在交流中断后，事故供电的安全可靠性没有得到根本改变。而且，蓄电池组还是不能直接进行全容量核对性充放电试验，同样导致维护工作不便。

两套充电装置的容量选择，可以按单电单充的配置方式再配置一套相同容量的充电装置，也可以让其中一套充电装置作为备用，仅满足经常性负荷和蓄电池组浮充电的供电要求，不提供均衡充电电流。

单电双充配置主要用于 110kV 及以下变电站和非枢纽 220kV 变电站以及小容量发电厂。

3.5.3 双电双充方式

对于重要的直流负荷，需要两组完全独立的发电厂和变电（换流）站用直流供电时，如双重化配置的保护装置，且每套保护装置需由不同的电源供电。通常采用图 3-7 所示的双电双充的配置模式。

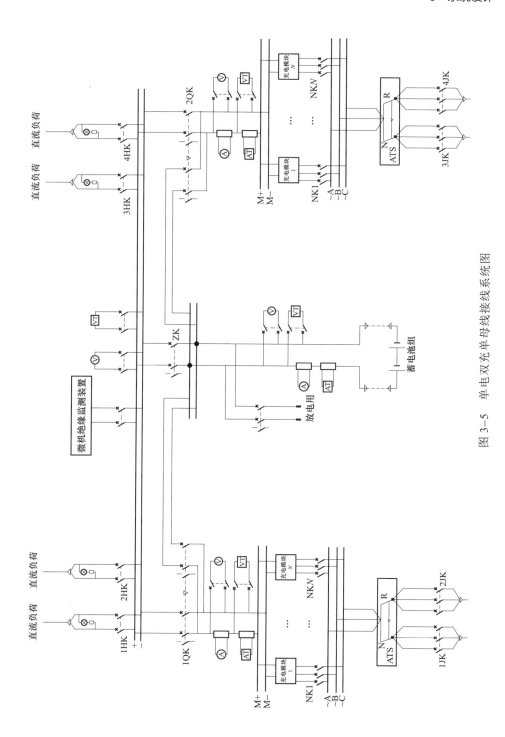

图 3-5　单电双充单母线接线系统图

33

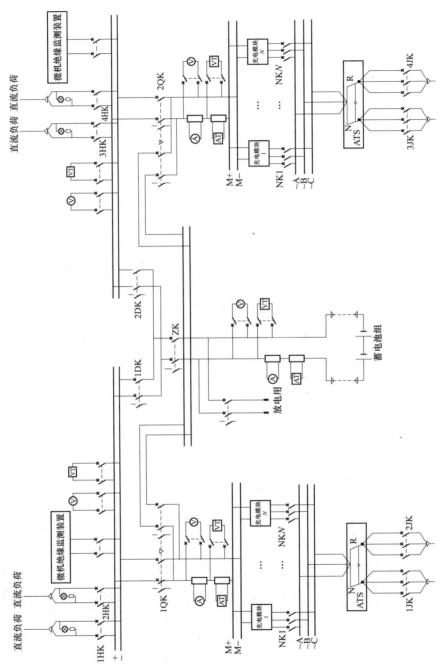

图 3-6 单电双充单母线分段接线系统图

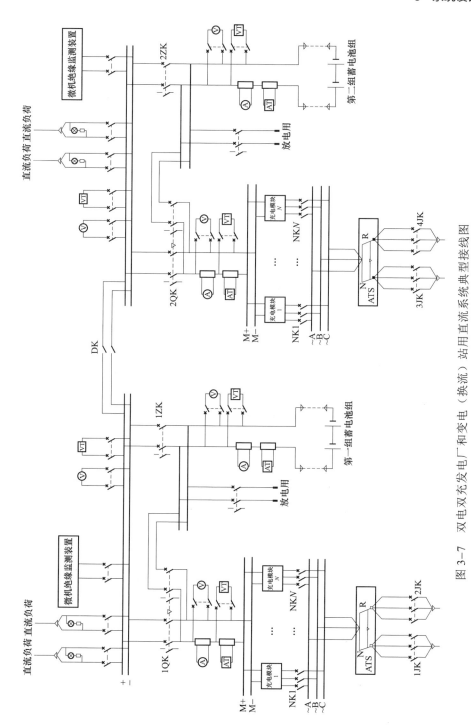

图 3-7 双电双充发电厂和变电（换流）站用直流系统典型接线图

双电双充实际上就是两套完全独立的单电单充发电厂和变电（换流）站用直流系统通过联络开关 DK 组成的两段单母线接线的直流系统。正常运行方式时，联络开关断开，两段母线独立运行；必要时，作为互备用装置，在确保安全的情况下，可合上联络开关为两段直流负荷连续供电。

1. 正常运行方式（联络开关断开）

（1）联络开关 DK 处于分开位置，两套单电单充独立运行，两段直流母线互不影响，各自有不同的直流负荷，如双重化配置的保护装置其两组独立电源分别接到两段直流母线上。

（2）每套单电单充的充电装置都有两路交流电源输入以备在失电时自动切换。两路交流输入分别来自不同的两段低压交流母线。通常为了供电的可靠性，两段低压交流母线的电源来自不同的低压发电厂和变电（换流）站用变压器。

（3）蓄电池投切开关 1ZK、2ZK 始终处在合闸位置，充电机输出开关 1QK、2QK 分别连接到两段直流母线上并处于合闸位置，分别为两段直流母线供电，同时也分别为两组蓄电池提供浮充电流。

2. 非正常运行方式（联络开关合上）

当其中任一套单充单电的充电装置和蓄电池组因故障无法供电或定期检修试验需退出运行时，另一套单充单电的充电装置和蓄电池组的备用作用就体现出来。此时，在条件允许的情况下合上联络开关 DK 将两段直流母线连接，正常运行的一套充电装置和蓄电池组就可以同时为两段母线上的直流负荷持续供电。联络开关允许合上应同时满足以下两个条件：

（1）两组蓄电池并列时的母线标称电压相同，不超过发电厂和变电（换流）站用直流系统标称电压的 2%。

联络开关合上后，如果两段母线存在较大的压差，会在两个系统中产生环流，对直流设备造成一定的影响。例如在联络开关合上后，其中一组蓄电池退出前，两组蓄电池通过母线短时并列运行，这时电压高的蓄电池组会向电压低的蓄电池组放电，电压差越大放电电流越大。另外减小两段母线电压差，也可避免发电厂和变电（换流）站用直流系统电压波动过大。

一般来说，如果两组蓄电池型号相同、运行时间和运行环境类似，则其特性和老化速度是比较接近的，短时并联不会对蓄电池组造成伤害。所以建议两套发电厂和变电（换流）站用直流设备的配置完全相同。

当两段母线的电压差大于2%时，可以通过调节充电装置的输出电压使其满足并联要求。

（2）两发电厂和变电（换流）站用直流系统对地绝缘正常。

由于发电厂和变电（换流）站用直流系统采用的是不接地系统，在直流母线出现一点接地的故障情况下存在引发保护装置等误动、拒动的事故风险。如直流母线存在两点接地的故障，则发生电源短路、保护误动或拒动的概率很高且危害极大（具体的危害分析详见5.5节和6.4节）。如果一段直流母线存在接地故障时，则并列后相当于两段母线都存在接地故障，就会影响到两个发电厂和变电（换流）站用直流系统的安全运行。若两段母线分别存在一点接地的故障时，则并列后便形成直流母线的两点接地，特别是在两段母线的异极一点接地的情况下，其造成的后果更为严重。所以在合上联络开关前必须确保两直流系统对地绝缘正常。

在充电装置容量配置上，除要考虑满足本段直流母线的经常性负荷供电以及蓄电池组的浮充电和均衡充电同时运行的需要外，还要考虑满足两段母线的经常负荷供电和一组蓄电池的浮充电要求。

采用双电双充的模式，两套发电厂和变电（换流）站用直流装置互为备用，增加了直流负荷的供电可靠性。必要时通过联络开关使两段直流母线并列运行，并让一组蓄电池脱离直流母线进行全容量核对性充放电试验或检修，系统安全可靠性高，运行方式灵活，维护方便。当然在其中一组蓄电池和充电装置退出运行时，其接线方式变为了单电单充。此时直流系统的可靠性将受到一定的影响，应尽快恢复。

双电双充配置可以满足330kV及以下变电站和一般大、中容量的发电厂的需要。

3.5.4 双电三充方式

考虑到充电装置的故障率稍高，有些设计为了提高充电装置的供电可靠性，在双电双充方式的基础上，增加一套充电装置的冗余配置形成双电三充方式，如图3-8所示。该方式通过分段开关和联络开关的操作，使三套充电装置和两段直流母线都实现了互为备用。

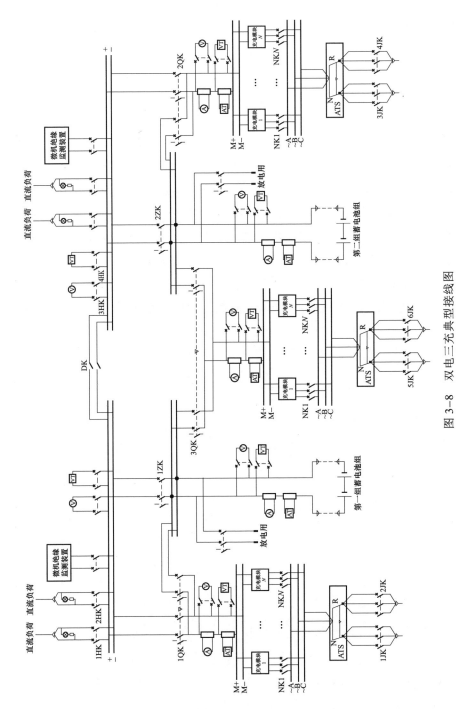

图 3-8 双电三充典型接线图

双电三充发电厂和变电（换流）站用直流系统中三套充电装置可依据具体工程需求来选择不同的容量配置。由于充电装置容量选择的不同，运行工作方式会出现差异，其发电厂和变电（换流）站用直流系统的接线结构也会有差别。

1. 完全互备方式

三台充电装置容量完全相同，每台充电装置的容量均能满足两段母线的直流负荷和蓄电池组均衡充电电流的供电要求。正常运行时，增加的这一套充电装置处于热备用不带负荷（见图 3-8 中 3QK 断开，置于中间状态）；当在运的其中任意一套充电装置需退出运行时，只需将 3QK 开关置于相对应的蓄电池母线，通过 1ZK 或 2ZK 为直流母线供电，不影响直流负荷的可靠供电。此时整个发电厂和变电（换流）站用直流仍处在双电双充模式，其可靠性不受影响。

2. 浮充电备用方式

两套充电装置按完全互备的容量配置，第三套备用充电装置按两段直流母线经常性负荷供电及一组蓄电池浮充电的容量选择，具体见图 3-9。由于备用充电装置容量减小，使其经济性较"完全互备"方式好。

3. 均衡充电备用方式

两套充电装置按两段直流母线经常性负荷供电及一组蓄电池浮充电的容量选择，第三套备用充电装置按一组蓄电池均衡充电的容量选择，见图 3-10。由于两套主充电装置容量减小，其经济性较完全互备和浮充电备用方式更好。

双电三充配置时，两套发电厂和变电（换流）站用直流各自独立运行，两段直流母线分别为双重化保护供电，而且具备双电双充配置时的系统安全可靠性高、运行方式灵活以及维护方便等优点。第三套热备用的充电装置使整个系统获得了更高的安全可靠性和更灵活的运行方式，完全能够满足超、特高压大型变电站、换流站和大容量发电厂对发电厂和变电（换流）站用直流系统的要求。

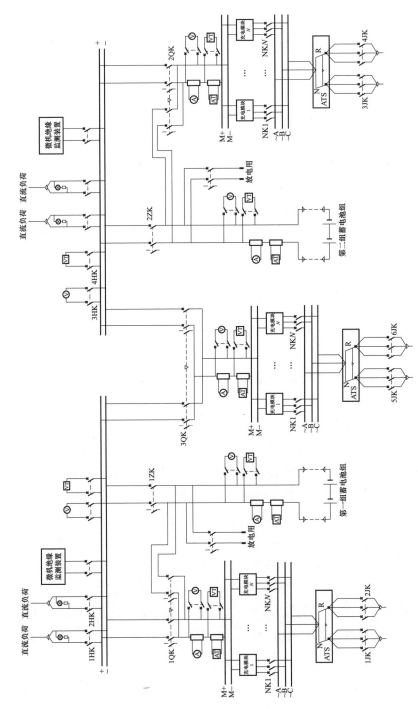

图 3-9 双电三充浮充电备用系统接线图
（注：3号充电装置作浮充电备用）

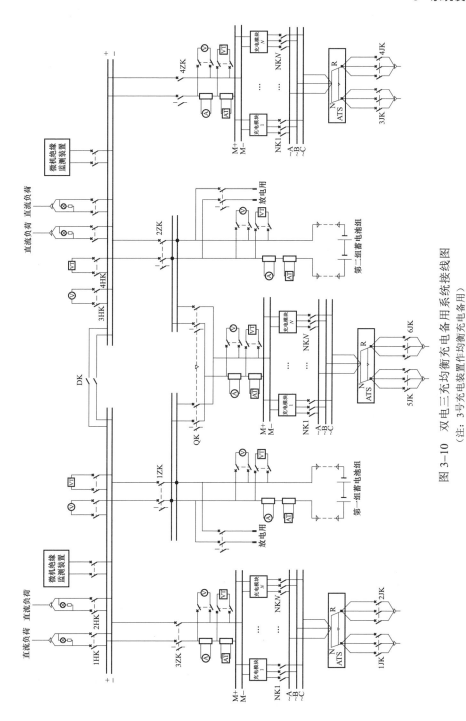

图 3-10 双电三充均衡充电备用系统接线图
（注：3号充电装置作均衡充电备用）

对于采用相控整流装置的发电厂和变电（换流）站用直流系统而言，第三套备用充电装置完全能发挥其重要作用。但对采用高频开关型整流模块组成的充电装置，则由于开关整流模块的冗余备份及热插拔、分散控制、自主均衡等技术的实现，因而即使在监控装置或整流模块出现故障的情况下，发电厂和变电（换流）站用直流系统的浮充电工作状况也会保障对直流负荷的连续供电。因此，当充电装置由开关模块组成时，系统设计时还需要考虑一套充电装置热备用必要性，以及第三套充电装置带来的设备接线复杂性高和经济性降低等问题。

3.5.5 馈电网络

在实际电力工程中，站用直流系统馈电网络有环形和辐射两种供电方式。选择何种供电方式由直流负荷的容量、数量、位置以及负荷的重要性、运行特性、运维水平等多方面因素决定。

1. 环形网络供电方式

环形网络供电方式如图 3-11 所示，由直流馈电母线Ⅰ、Ⅱ段分别提供一路电源，中间分段开关关合，便形成一个环形网络。一个环形网络至少有两个供电电源。

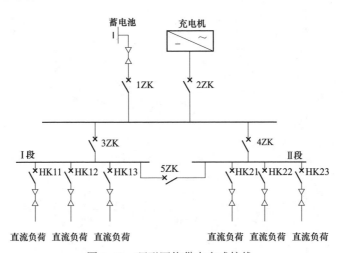

图 3-11　环形网络供电方式接线

直流环形网络由分段开关 5ZK 和Ⅰ、Ⅱ段联络开关 3ZK、4ZK 的分闸、合闸操作改变运行方式。当 5ZK、3ZK 和 4ZK 均处于合闸状态时，形成环形网络运行方式（合环）；当 5ZK 处于分闸状态，且 3ZK 和 4ZK 处于合闸状态时，形成两段母线分列运行方式（开环）；当 5ZK 处于合闸状态，且 3ZK 和 4ZK 任一个处于合闸状态而另外一个处于分闸状态时，形成单母线运行方式。

环形网络供电操作灵活、节省电缆、运行灵活性好，但同时网络复杂，增加了保护电器选择性配合难度，合环运行有时给直流母线接地故障监测和支路接地故障侦测带来干扰，不利于查找和消除直流接地故障。因此，在可靠性要求高的情况下，环形网络供电方式逐步被辐射网络供电方式取代。

2. 辐射网络供电方式

辐射网络供电方式如图 3–12 和图 3–13 所示。辐射网络是由主馈电母线为中心直接向直流负荷供电的一种网络形式，网络结构简单。每个负荷由 1～2 条馈线直接供电，电缆长度较短，压降小，每条馈线互不影响，方便检修，便于查找接地故障。但由于直接向负荷供电，辐射网络供电方式增加了馈电电缆数量，有时会使主馈电柜的数量增多，使电缆总长度也大大增加。

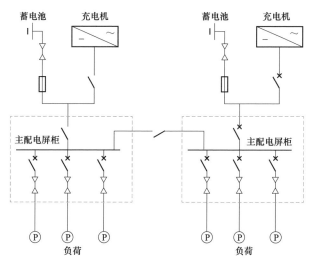

图 3–12　集中辐射供电方式

依据供电负荷规模大小、距离远近和分布状况等因素，辐射网络供电方式可分为分层辐射供电方式和集中辐射供电方式。一般而言，对小容量（如200Ah以下）发电厂和变电（换流）站用直流系统，由于供电范围小，可以在蓄电池接入直流馈电母线后直接给负荷分别供电，形成两级网络系统，即集中辐射供电方式；对中大容量（如200Ah以上）的直流系统，由于供电范围大，馈线数量多，在负荷集中处设直流分电柜给负荷供电，可以减少电缆总长度，即对大负荷可以进行再分配，形成3~4级的供电网络系统，即分层辐射供电方式。

对于容量大的负荷，配置的直流断路器额定电流值较大。如果在直流分电柜引接，必然造成上一级选用更大的直流断路器，增加了保护间级差配合的难度，同时也降低了直流供电的可靠性。这类负荷最好由主馈电柜直接供电。采用集中辐射供电的负荷主要有直流油泵电动机、交流不间断电源和DC/DC变换器等。

对于可靠性要求高的负荷，如电气主设备的控制、信号、保护和自动装置等，设置分电柜增加了供电环节，势必增加故障的风险，因此一般也采用由主馈电柜直接供电的集中辐射供电方式，如图3-12所示。

分层辐射供电方式是依靠直流分电柜进行分层分配，主要是为了简化网络接线和节省电缆。因此，直流分电柜应设在负荷中心处，如发电厂中高/低压厂用配电装置可按照电压等级以及配电负荷的布置分别设置若干直流分电柜；变电站采用3/2断路器接线的高压配电装置时，按串设置分电柜。

一般分电柜距离主馈电柜较远，供电电缆较长。如果电缆发生故障，则修复时间较长。为提高供电可靠性，分电柜内的每段母线考虑引入两回发电厂和变电（换流）站用直流供电的冗余配置，即使来自同一蓄电池组也采用两条直流回路供电。电源进线经隔离电器接至直流母线。隔离电器一般采用刀开关或带隔离功能无脱扣器的直流断路器。装设隔离电器的目的主要是为了方便电缆的维护和试验，不装设带脱扣器的直流断路器的目的是为了避免增加一级保护造成上下级配合困难而引发的误动。

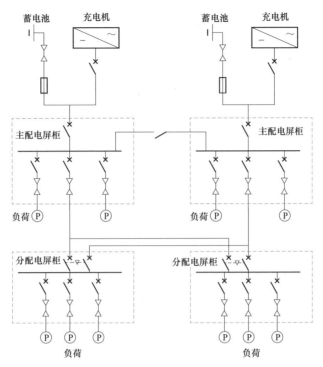

图 3-13 分层辐射接线方式

对要求双电源供电的负荷，分电柜内需设置两段直流母线，分别由不同的蓄电池组供电。为避免在运行和检修时将两段直流母线并联而给直流电源系统的正常运行带来安全隐患，在母线之间不设联络电器。当只配置了一组蓄电池时，两段直流母线由来自同一蓄电池组的两条直流回路分别供电，两段母线之间也不必设置联络电器。

每段母线接有两路直流电源的直流分电柜，正常运行时一路工作，另一路备用。如果两路直流电源来自同一组蓄电池，则可以采用手动并联的切换方式。公用系统直流分电柜每段母线应由不同蓄电池组的两路直流电源供电，最好采用手动断电的切换方式。

3.6 系统的监控和监测

为保证发电厂和变电（换流）站用直流系统的正常工作，需要一些监控和监测装置对发电厂和变电（换流）站用直流系统的运行状态进行监测和控制，图3-14是发电厂和变电（换流）站用直流系统监测、检测以及保护装置的配置图。

发电厂和变电（换流）站用直流系统的主监控器对整个系统运行状态进行实时监视和控制，并能根据蓄电池组的状态进行动态管理，是发电厂和变电（换流）站用直流系统中管理、控制和监视的核心设备。对采用不接地运行方式的发电厂和变电（换流）站用直流系统，每段母线还装设有直流绝缘监测装置，实时监测和显示发电厂和变电（换流）站用直流系统正、负母线的对地电压值和对地绝缘电阻值，有接地时告警并且能侦测出发生接地故障的支路。有时根据系统运行维护的需要还装设有蓄电池电压巡检、蓄电池内阻巡检和蓄电池远程放电等装置。

此外，为方便发电厂和变电（换流）站用直流系统的运行巡视和监视，发电厂和变电（换流）站用直流系统除在直流馈电柜母线、直流分馈电柜母线、蓄电池回路和充电装置输出回路装设直流电压表，以及在蓄电池回路和充电装置输出回路装设直流电流表等相关的测量和指示表计外，还装设有指示灯、转换开关、闪光装置及远方报警接点等。

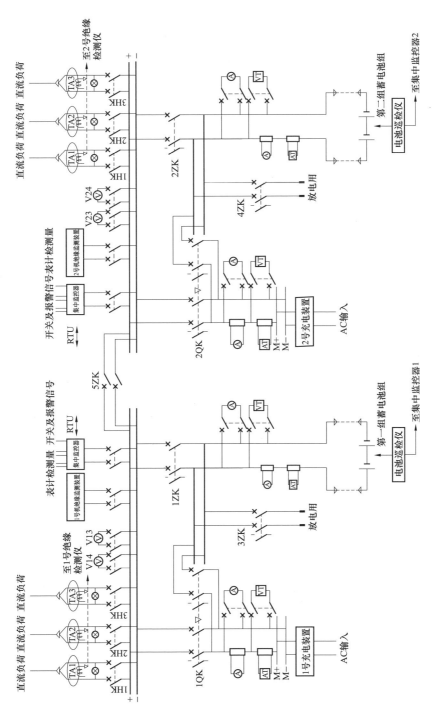

图 3-14　发电厂和变电（换流）站用直流系统监测、检测以及保护装置的配置图

3.7　保护电器的种类和配置

3.7.1　常用保护电器介绍

发电厂和变电（换流）站用直流系统的常用保护电器主要有熔断器、带隔离开关的组合式熔断器和空气断路器。以往由于缺乏直流专用塑壳和微型的空气断路器，发电厂和变电（换流）站用直流系统大量配置的是熔断器和带隔离开关的组合式熔断器，即使采用空气断路器也常使用交流断路器或交、直流两用断路器。不过，随着直流断路器技术水平的不断提高，在一些国家或地区，直流断路器已逐步成为直流系统的主要保护设备。

1. 熔断器

熔断器结构简单，价格低，仅靠其全反时限的安秒特性就能够实现延时和瞬动保护特性，并满足级差配合要求。熔断器按照线缆和电动机等选择保护的特性，根据安装使用场合的不同分为管式、螺旋式以及带熔断指示器、带熔断信号辅助接点等多种结构形式。直流回路采用熔断器作为保护电器时，建议装设隔离电器或选择带隔离开关的组合式熔断器，以方便后期的运行和维护，并能更好地保证人员安全。

2. 直流隔离开关

在发电厂和变电（换流）站用直流系统的设备检修维护时，可以通过操作直流隔离开关来改变直流系统运行的方式，隔离电源，也能够投切负荷电流。比如，对熔断器进行维护和更换时，操作装设的直流隔离开关来隔离电源，能够方便检修工作的开展。有的隔离开关还同时具有隔离和保护双重功能，如隔离和保护合一的组合式刀熔开关。

3. 空气断路器

空气断路器是一种保护操作电器，其绝缘介质为空气，是用手动或电动合闸、用锁扣保持合闸位置、由脱扣机构作用于跳闸并具有灭弧装置的低压断路器，被广泛应用于发电厂和变电（换流）站用交、直流系统中，在电路中的作用是接通、分断和承载额定工作电流，并承载短路和过载等故障电流。空气断路器具备热脱扣和电磁脱扣两种动作特性，以两种脱扣特性及辅助器件实现延时和瞬动保护功能。由于交、直流两用断路器的灭弧原理与交流断路器相同，用于直流系统时开断能力将大幅降低，其直流工作参数一般会有明确标注，选用时要特别注意。因此，在发电厂和变电（换流）站用直流系统中建议选用直流空气断路器。有关不建议将交流断路器用于直流回路的讨论见 6.3 节。

4. 辅助触头和报警触点

（1）交流进线、整流装置直流输出端、蓄电池组出线端等重要位置的熔断器需要装设报警触点、断路器装有辅助触头与报警触头。

（2）空气断路器的辅助触头。辅助触头是断路器主电路分、合机构机械上连动的触头，主要用于断路器分、合状态的显示，接在断路器的控制电路中通过断路器的分合对其相关电器实施控制或联锁。例如向信号灯、继电器等输出信号。

（3）空气断路器的报警触头。用于断路器事故的报警触头，且此触头只有当断路器脱扣器分断后才动作，主要用于断路器的负载出现过载短路或欠电压等故障时而自由脱扣，报警触头从原来的动合位置转换成闭合位置，接通辅助线路中的故障告警灯或告警信号等，显示或提醒断路器的故障脱扣状态。

3.7.2 保护电器的配置

在发电厂和变电（换流）站用直流系统中，蓄电池出口回路、充电装置直流侧出口回路、直流馈线回路和蓄电池试验放电回路等需要装设保护电器，如图 3-14 所示。蓄电池出口回路一般选用熔断器作为保护电器，也可选用具有选择性保护的直流断路器；其他回路一般选用断路器作为保护电器。

注意，若充电装置回路若采用直流断路器，则应采用无极性要求的直流断路器。若有极性要求时，对充电装置回路所用的直流断路器应采用反极性接线，即仍然按直流馈线方式接线。

根据具体工程要求确定保护电器的额定电压、额定电流和额定短路分断电流等参数，并依据所在回路的负荷特性和配合级差，有选择性地设定保护电器的过负荷长延时保护、短路瞬时保护和短路短延时保护的约定动作电流值以及动作延时值。之后，按各保护电器安装处短路电流值校验各级断路器脱扣的选择性、灵敏性和速动性的要求。有关交、直流断路器的差异和应用选型的讨论具体见 5.6 节和 6.2 节。

3.8 防 雷 设 计

由于雷击发生的时间和地点以及雷击强度的随机性，导致对雷击损害的防范难度很大。要达到阻止和完全避免雷击损害的发生是不可能的，只能通过相应的防雷措施将雷电灾害降低到最低限度。发电厂和变电（换流）站用直流系统的防雷设计应与工程整体要求、内外部防雷设计相统一，所以在设计时应首先确定直流系统所处的防雷区以及与上一级防雷区的界面；其次，根据防雷要求确定是否需要增设防雷区，并明确各防雷区间的界面；最后，合理设计防雷措施，如设置屏蔽措施、合理敷设线路、接地设计及装设电涌保护器（SPD）等。防雷设计时以上这些措施宜联合采用，使其协同发挥作用。

IEC Std.61643-12 主要介绍了 SPD 在交流系统中的选择、工作、安装位置和配合原则，而涉及直流系统中的内容较少。同时，鉴于篇幅限制，本节仅对 SPD 在低压直流系统中的配置进行简单介绍。尽管其他措施，如屏蔽、接地等防雷措施也是十分有必要的，但在此不做介绍。

在进行 SPD 基本配置时，建筑物内外电气装置的直流电源应在设备前端配置 SPD，且直流电源和 SPD 间一般串联有空气断路器。实际上，在发电厂和变电（换流）站的高压系统和低压交流系统中防雷网络已经配置得很完善，所以直流系统的 SPD 一般选用两极，第一级配置在直流母线上，当被保护装置离第一级 SPD 线路超过一定距离（在中国，这个距离一般为 30m）时，宜在设备直流电源入口处配备第二级 SPD。通常在设计中，SPD 一般加装在直流主母线、直流分电柜母线或进线处。SPD 的选用应满足 IEC Std. 61643-1 的要求。

与 IEC 采用的雷电流波形 10/350μs 不同，在中国，SPD 冲击电流试验波形为 8/20μs，对低压直流系统用 SPD 的技术规定如下：

（1）直流充电柜的交流充电电源入口处应安装具备相线与地线（L–PE）、中性线与地线（N–PE）保护模式的标称放电电流不小于 10kA（8/20μs）的交流电源电压限制型 SPD。

（2）直流馈电柜的直流母线输出端宜安装具有正极对地、负极对地保护模式的标称放电电流不小于 10kA（8/20μs）的直流电源 SPD。

（3）保护小室直流电源入口处宜安装具有正极对地、负极对地保护模式的标称放电电流不小于 10kA（8/20μs）的直流电源 SPD。

（4）为了能够正确区分 SPD 正常或故障状态，SPD 应具备状态标志或指示灯，且安装在柜上易于观察的位置。

3.9 蓄电池组容量设计

3.9.1 蓄电池串联只数的确定

发电厂和变电（换流）站用直流系统中的蓄电池组是由单只蓄电池串联构成的，只有在极少情况时才会使用到并联。串联使蓄电池组电压提高，并联主要是为了增大蓄电池组容量。蓄电池在并联使用时应严格遵循蓄电池生产商的技术要求。蓄电池组电压的高低取决于单只电池的标称电压和串联的数量。在发电厂和变电（换流）站用直流系统中，蓄电池串联只数是由直流系统电压和蓄电池自身特性共同决定的。

发电厂和变电（换流）站用直流系统标称电压及其电压偏移取决于直流负荷对供电电压的要求。考虑到电力系统的安全性和可靠性，中国制定了统一的参数要求：专供控制负荷的供电电压范围为 85%～110% U_n；专供动力负荷的供电电压范围为 87.5%～112.5%U_n。根据发电厂和变电（换流）站用直流系统的最低和最高运行电压计算蓄电池的串联只数如下：

（1）蓄电池组的最高电压不能超过发电厂和变电（换流）站用直流系统的最高运行电压 U_{DCmax}。蓄电池组的最高电压值等于蓄电池组的均衡充电电压值，即蓄电池的串联只数乘以蓄电池单体的均衡充电电压值 $U_{balance}$。因此蓄电池组的串联只数 n 计算公式为

$$n \approx \frac{U_{DCmax}}{U_{blance}} \qquad (3-1)$$

式中　U_{DCmax} ——发电厂和变电（换流）站用直流系统的最高运行电压；

　　　U_{blance} ——单体蓄电池的均衡充电电压值。

（2）发电厂和变电（换流）站用直流系统的最低运行电压对于保证直流负荷正常运行至关重要，因此必须考虑蓄电池组到直流负荷间电缆的电压降落，即蓄电池组的最低电压值 U_{Bmin} 不低于发电厂和变电（换流）站用直流系统的最低运行电压值 U_{DCmin} 加上电缆的电压降落值 U_{δ}。因此蓄电池单体的终止放电电压值 U_{final} 应满足

$$U_{final} = \frac{U_{Bmin}}{n} \qquad (3-2)$$

式中　n ——蓄电池组的串联只数；

　　　U_{Bmin} ——蓄电池组的最低电压值；

　　　U_{final} ——蓄电池单体的终止放电电压值。

实际上，蓄电池组串联只数的确定不仅仅只考虑上述公式的计算结果，还应考虑到直流系统供电可靠性的、冗余配置、蓄电池的运行维护要求及其对蓄电池实际使用寿命的影响。因此，在设计时有时会考虑增加蓄电池组串联只数并辅以设置降压措施。

3.9.2　蓄电池容量计算方法

蓄电池的容量关系着发电厂和变电（换流）站用直流系统的供电可靠性，一方面要满足全发电厂和变电（换流）站事故全停电时间内的所有直流负荷（包括经常性负荷、事故负荷以及冲击负荷）放电容量，另一方面容量也不能考虑过大造成资源浪费。目前，在国际上通用的计算方法是采用 IEEE Std–485 和 IEEE Std–1115 技术标准中推荐的电流换算法，又称为 HOXIE 算法。

电流换算法是根据事故状态下直流负荷电流和放电时间来计算容量的。该方法具有以下特点：

（1）考虑了蓄电池在大电流放电后且直流负荷减小的情况下，蓄电池具有容量恢复的特性。

（2）引入容量换算系数，由负荷电流求取蓄电池容量，无需再对蓄电池容量进行电压校验。

（3）冲击负荷叠加在第一阶段（大电流放电）以外的最大直流负荷段上，并与第一阶段相比较，取较大者作为蓄电池计算容量。图3-15是对各放电阶段的图形表示。

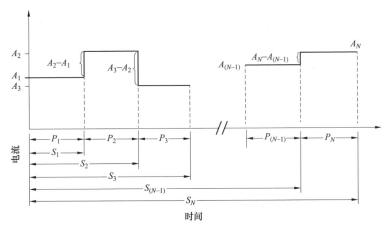

图3-15　各放电阶段计算时间示意图

由 IEEE Std-485 和 IEEE Std-1115 技术标准，可知蓄电池容量电流换算法的计算公式如下所示：

第 S 阶段计算容量

$$F_S = \sum_{P=1}^{P=S} [A_P - A_{(P-1)}] \cdot K_t \cdot T_t \tag{3-3}$$

式中　S——蓄电池放电阶段；

　　　P——放电区间；

　　　A_P——放电阶段 P 所需的放电电流；

　　　t——从放电区间 P 开始到蓄电池放电阶段 S 结束的时间，min；

　　　K_t——在25℃，以 $t$min 时对应的放电率放电到某个确定的终止电压，某种给定类型蓄电池的额定容量系数；

53

T_t——t 分时的温度降额因数（参照放电初始时电解液的温度）；

F_S——放电阶段 S 所需求的蓄电池容量。

对于 S 个阶段的计算容量取最大值，即得到蓄电池的计算容量

$$F=\max\{F_1,F_2,\cdots,F_N\} \tag{3-4}$$

式中　N——蓄电池放电阶段的个数。

关于蓄电池的配置，可详见 6.1 节。

4 主要设备

4.1 蓄 电 池 组

蓄电池组是发电厂和变电（换流）站用直流系统的核心设备。虽然蓄电池组在平时处于备用状态，但能够在发电厂和变电（换流）站交流失电或其他事故状态下保证为发电厂和变电（换流）站用直流系统持续提供满足要求的直流电源，成为发电厂和变电（换流）站用负荷的唯一能源供给者。蓄电池主要分为酸性电池和碱性电池。电力工程使用的蓄电池主要为阀控式密封铅酸蓄电池、固定式防酸隔爆铅酸电池和镉镍碱性蓄电池。

在中国，发电厂和变电（换流）站用电系统已广泛采用阀控密封铅酸蓄电池。电力工程基本选用标称电压 2V 的单体蓄电池，为了满足发电厂和变电（换流）站用直流系统电压或容量的要求，一般将蓄电池串联或并联成合适的蓄电池组，如图 4-1 所示。有时根据需要也选用标称电压 6V 或 12V 的单体蓄电池串联成蓄电池组。

图 4-1　阀控密封铅酸蓄电池组实物图

4.1.1　铅酸蓄电池

开口富液铅酸电池、防酸隔爆铅酸电池和阀控式密封铅酸蓄电池均是铅酸电池。它们之间在结构上有非常大的区别，电解液的存在形式和密度不同，维护工作也有较大的差异。由于它们都是铅酸电池，都是用铅（Pb）和二氧化铅（PbO_2）分别作为负极板和正极板的活性物质，以硫酸（H_2SO_4）

水溶液作为电解液的电池，所以具有相同的电化学原理。

1. 铅酸蓄电池充电

在正极板上发生下列反应

$$\left. \begin{array}{l} PbSO_4 + 2H_2O \rightarrow PbO_2 + H_2SO_4 + 2H^+ + 2e^- \\ H_2O \rightarrow 2H^+ + \frac{1}{2}O_2 + 2e^- \end{array} \right\} \quad （4-1）$$

在负极板上发生下列反应

$$\left. \begin{array}{l} PbSO_4 + 2H^+ + 2e^- \rightarrow Pb + H_2SO_4 \\ 2H^+ + 2e^- \rightarrow H_2 \end{array} \right\} \quad （4-2）$$

所以在充电状态下，总的化学反应如下式所示

$$2PbSO_4 + 2H_2O \xrightarrow{\text{充电}} Pb + 2H_2SO_4 + PbO_2 \quad （4-3）$$

即充电时 $PbSO_4$ 分子析出 SO_4^{2-} 离子，H_2O 分离出 $2H^+$，并化合成 H_2SO_4 分子。从而使得电解液的浓度增加，因此可以用电解液的密度衡量蓄电池的充电程度。

随着充电的进行，正负极板的活性物质 PbO_2 和绒状 Pb 随之增加，在电解液浓度增加的情况下，电池的电压升高。因此，也可用电池电压判定电池的充电程度。

2. 铅酸蓄电池放电

与充电过程相反，放电的总的化学反应式如下

$$Pb + 2H_2SO_4 + PbO_2 \xrightarrow{\text{放电}} 2PbSO_4 + 2H_2O \quad （4-4）$$

即在放电过程中，正极板上的二氧化铅 PbO_2 和负极板上的 Pb 与稀硫酸的电解液起化学反应，在极板上形成导电的硫酸铅 $PbSO_4$，并析出水 H_2O。而且电解液中的水随着放电的深入而增加，电解液密度随之降低，电池内阻增加，而电动势下降，使端电压下降。

在放电过程中，电池极板上产生硫酸铅，它不仅导致蓄电池内阻增加，而且还会堵塞极板的孔穴，阻碍浓度较大的电解液向极板内部扩散。当电池在小电流放电时，水及硫酸铅的形成较为缓慢，因而电解液中浓度较大的酸容易扩散到极板孔穴中，故内部电动势和内阻变化不显著，端电压下

降也较缓慢；但当大电流放电时，极板孔穴中的酸很快被消耗掉，而浓度较大的酸向极板内部扩散较慢，从而导致内电动势下降，而内阻急剧升高，端电压迅速下降；在大电流放电后停止放电或转为小电流放电时，极板孔穴中酸的浓度由于扩散作用将得以恢复，且内阻下降、端电压回升，并使电池的容量得到相应的恢复，这一容量称为恢复容量。因为在大电流冲击放电时，并没有真正把电池的容量全部放掉，只是放掉其中的一部分，端电压下降仅是一个暂时现象。这是一个重要概念，也是蓄电池容量计算的理论基础之一。

4.1.2 防酸隔爆铅酸电池

固定式防酸隔爆铅酸电池较早应用于电力系统，由防酸隔爆帽实现防酸隔爆功能。多孔金刚砂压制而成的防酸隔爆帽有 35%左右的孔隙，憎水性的硅油（四氟化烯）在其表面覆盖成膜使反应热产生的酸雾水只有氢气和氧气飘溢出去，水被滞留在电池槽内。防酸隔爆铅酸电池虽然能够防止酸雾逸出和避免氢、氧气体在电池内部发生爆炸，但氢、氧气体在电池室中的爆炸危险并没有能够彻底消除。由于通常可通过其透明壳体观察极板腐蚀及敷膏脱落的情况，并通过温度比重计直接了解电解液温度密度的状态，因此当个别蓄电池出现异常时可单独更换极板或重新调配电解液，能方便地对运行中的蓄电池进行监测和维护，所以有大量的固定式防酸隔爆铅酸电池在电力系统运行。

4.1.3 阀控密封铅酸蓄电池

应用于电力系统中的固定式阀控密封铅酸蓄电池主要有胶体电池和玻纤电池（AGM）两种贫液式蓄电池。

胶体电池的电解液含在 SiO_2 胶体物质中，这种胶体物质被注入到电池内部的所有空隙。胶体电解液均匀性好，充放电时极板受力均匀不易弯曲，不会出现层化使其自放电小。

玻纤贫液电池（AGM）的电解液被全部吸附在用超细玻璃纤维构成的隔膜中，隔膜与极板采用紧装配工艺，电池内部没有游离状态的电解液，使其内阻小、受力均匀。由于电解液会产生分层现象，一般采用卧式放置，所以立式放置在高度上有一定限制。

1. 电解液的层化

电解液的层化是指铅酸蓄电池在充放电过程中电解液按密度分层的现象。

由前述可所知，充放电过程中铅酸蓄电池的电解液密度在不断变化，充电过程电解液密度不断增大，较重（密度大）的电解液沉向电池底部，放电过程中电解液密度不断降低，较轻（密度小）的电解液浮向电池顶部，形成电解液上下密度不一致。不同密度的电解液与电池极板反应形成了不同的电位，导致自放电增大，并造成电池内部温升、腐蚀和水损耗加剧，影响蓄电池寿命。

富液式铅酸蓄电池可以通过充放电时产生的气泡搅动使电解液上下密度趋于一致。对玻纤贫液阀控密封铅酸蓄电池（AGM）来说，用超细玻璃纤维作为隔板，不同密度的电解液沿隔板微孔扩散，使其密度趋于均匀。蓄电池通过卧式放置或压缩立式放置极板两端高差来避免或减缓电解液层化。对胶体阀控密封铅酸蓄电池来说，因灌注的胶体电解液不流动而使其具有较强的抗电解液层化能力，不会出现电解液分层。

2. 热失控

热失控是指蓄电池充电时出现的一种临界状态，由于蓄电池热量产生的速率超过其散热能力，从而导致温度连续升高引起的状态，进而导致蓄电池损坏。

阀控密封蓄电池在恒压充电后期或浮充电时，正极板析出的氧气扩散到负极板并发生氧化反应，同时产生热量。当产生的热量不能有效散除，将使电池温度持续升高，不断升高的温度造成蓄电池内阻下降，内阻下降又使充电电流增大，增大的充电电流让电池温度继续升高，增高的温度促使充电电流进一步增大，由此形成恶性循环，并不断反复，最终导致热失控。富液式铅酸蓄电池没有氧气的阴极吸收作用，多余的电能会分解电解液中的水，产生的氢气和氧气由电池内部逸出，并使得热量得以释放，因而一般不会出现热失控。

3. 胶体电池和 AGM 电池性能的比较

AGM 电池的自放电速度是富液式铅酸电池的 20%～25%，胶体电池的自放电速度又是 AGM 电池的 20%～30%。

胶体电池的失水速度比 AGM 电池更低，加之电解液又比 AGM 电池量多，所以寿命比 AGM 电池长。一般而言，AGM 电池的寿命为 8～10 年，而胶体电池的寿命可达 10～15 年。

胶体电池对极板盐化有一定的抑制作用。电池深度放电后稍微放置也不会影响容量恢复，即具备较好的耐深度放电能力。

胶体电池的浮充电压一般低于 AGM 电池，胶体电解液的导热性能又比 AGM 好，因而胶体电池不会出现热失控。

由于胶体状电解液的导电能力一般低于同样硫酸浓度的纯电解溶液，其大电流放电能力必然逊于 AGM 电池。但可能是胶体状电解液的吸附作用改善了电极附近硫酸铅 $PbSO_4$ 的过饱和程度，因而使得胶体电池的低温大电流放电性能优于 AGM 电池。

由上述比较可见，胶体电池在电解液层化、自放电速度、使用寿命、深度放电能力、热失控和低温放电等性能上均优于 AGM 电池，但在大电流放电方面 AGM 电池占优势。同时，考虑到 AGM 电池价格方面有一定的优势，故在实际工程设计选型中，应根据具体需要决定选取玻纤式还是胶体式电池。

4.1.4 镉镍碱性蓄电池

镉镍碱性蓄电池浮充运行寿命长，能提供高倍率的放电电流，但单体持续放电容量较小，极柱容易爬碱，需要经常补充电解液。目前，镉镍碱性蓄电池在部分国家和地区的小型电力工程中仍有应用，但在国内电力系统已经极少使用。

新型电池的工作原理和应用将在 7.2 节介绍。

4.2 充 电 装 置

直流充电装置（AC/DC）的主要功能是将交流电转化成直流电，保证输出的直流电压、电流在要求的范围内，保证发电厂和变电（换流）站用直流的技术性能指标满足运行要求，为日常的直流负荷、蓄电池组的充电提供安全可靠的发电厂和变电（换流）站用直流电源。在发电厂，充电装置为低压直流经常性负荷供电所占容量比例较高。配置方式的不同对充电装置容量的选择影响较大。

充电装置经历了从直流发电机、硅整流、相控晶闸管整流到高频开关电源的发展过程，现在大量应用的是相控型晶闸管整流和模块式高频开关电源两类充电装置。

4.2.1　相控整流装置

相控型整流装置是采用晶闸管作为整流器件的电源系统，其原理是工频交流输入电压经工频变压器降压，然后采用晶闸管进行整流，再通过 LC 滤波器把整流后的脉动直流滤成平滑的直流。它是通过变压器的变压加控制晶闸管的导通角来实现在一定的输入电压范围内保持输出电压的稳定，使其输出电压在一定的范围内可调。相控整流装置的电路框图如图 4–2 所示。

图 4–2　相控整流装置电路原理框图

依据整流电路的输入相数、控制相数及波形，整流电路分为单相半波、单相桥式、三相半波、三相桥式半控、三相桥式全控、六相桥式和十二相桥式等。整流电路的相数越多，脉动幅值越小，谐波成分越少，输出波形越平滑，越接近直流。所以单相整流较三相整流输出波形平滑度差，谐波分量大。为了提高整流装置的功率因数，抑制谐波含量，多数情况下采用三相桥式全控整流设备。

常用的相控整流器结构有三相半控桥式和三相全控桥式整流，主电路分别如图 4–3 和图 4–4 所示。

61

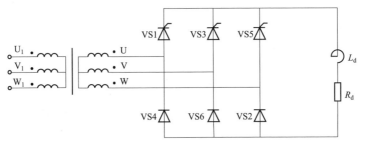

图 4-3 三相半控桥式直流电源原理示意图

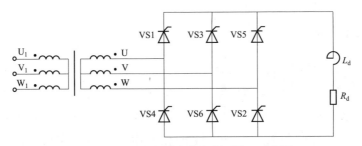

图 4-4 三相全控桥式直流电源原理示意图

相控整流装置是依靠改变晶闸管导通角来实现调压和稳压，受导通角的影响会导致电源侧电流畸变和功率因数减小，使交流电源侧损耗增加、干扰增大。相控整流装置的工频变压器、电抗器等元器件设备笨重、功耗大、温升高、效率低，制约了如稳压精度、温流精度、纹波系数等电气参数的提高，造成装置运行可靠性较低。所以在设计时，需要考虑配置备用装置来满足发电厂和变电（换流）站用直流系统的安全运行和可靠性要求。

4.2.2　高频开关整流装置

高频开关整流装置是由多个高频开关电源模块组成的。高频开关电源模块将工频的交流电经普通全桥整流滤波或无源 PFC 或有源 PFC 整流滤波变为直流电，再经用 IGBT 或 MOSFET 作为高频开关器件的高频变换器将直流电逆变为 20kHz 以上的高频交流电，通过自动脉宽调制技术对输出端负载反馈信号进行有效调节，然后经高频变压器隔离，再经高频整流滤波电路过滤成平滑的满足负载需要的优质直流电。高频开关隔离型整流电源原理示意如图 4-5 所示，实物图如图 4-6 所示。

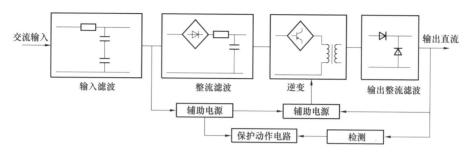

图 4-5 高频开关隔离型整流电源原理示意图

高频开关型整流装置依据交流输入电压可分为单相式和三相式，依据开关管通断方式可分为脉冲调制式和谐振式，或者依据开关管型式、调制型式、谐振型式、反馈型式等还可有多种分类方法。

脉宽调制的占空比是通过驱动电路的控制电压使开关管产生需要的通断间隔时间。而谐振型是通过开关管与谐振电路的串联或并联，在控制谐振电路以正弦波周期变化中，实现开关管的零电流换流或零电压换相，所以谐振型开关电路也称为软开关。

由于工作频率高、开关管功耗小以及设计有功率因数校正电路，使得高频开关整流模块具有体积小、质量轻、噪声低、效率和功率因数高、电气参数好、维护方便等优点，被广泛应用于电力工程中。

图 4-6 高频开关型隔离型整流电源实物图

4.2.3 两类充电装置的比较

高频开关整流装置由于频率大幅度提高，使得电感、电容、变压器等元部件体积大幅度减小，其具有体积小、质量轻、效率高、功率因数高、稳压、稳流性能好，以及模块化积木式配置等优点，更适用于对充电电压、纹波与温度等因素特别敏感的目前常用的阀控密封铅酸蓄电池。由开关整流模块组成的充电装置在模块配置数量上采用 $N+n$ 的冗余备份，在技术上实现了热插拔、分散控制、自主均衡等功能，使得充电装置在其监控装置或整流模块出现故障时也能保障发电厂和变电（换流）站用直流系统对直流负荷的连续供电。热插拔技术使开关整流充电装置运行维护更加安全和便捷。

高频开关整流模块由于采用了功率因数校正改善电路，使功率因数达到了 0.95 及以上，较相控整流装置的 0.7 有了很大的提高，电压和电流谐波得到进一步减小，直流输出电压的稳压、稳流、纹波电压等电气性能参数得到了进一步提高。部分参数指标比较见表 4-1。

表 4-1 相控型和高频型电源模块参数

型式 项目	相控型	高频开关电源模块型
稳压精度	≤±1%	≤±0.5%
稳流精度	≤±2%	≤±1%
纹波系数	≤1%	≤0.5%
负载调整率	≤±2%	≤±0.5%
体积比	5 : 1	
质量比	4 : 1	
热损耗	15%~30%	5%~20%
噪声	≤55~60dB/A	≤45dB/A
功率因数	≥0.7	≥0.9

4.3 常用保护电器

发电厂和变电（换流）站直流配电系统中应用的保护电器一般为直流断路器和熔断器。下面将主要对这两类保护电器的结构、功能以及选用时注意的问题进行介绍。关于发电厂和变电（换流）站用直流系统中保护电器级差配合的研究和讨论见 6.2 节。

4.3.1 熔断器

熔断器一般由熔管、熔断体和底座三部分构成，电流–动作时间带具有反时限特性。有的熔断器配置了报警触头，在熔断器动作时，通过微动开关带动其他辅助电器动作，发出报警或连锁信号；有的还配置了操作手柄，方便人员维护时拔插熔断器。直流系统中常用的熔断器分为有填料封闭管式熔断器（RTO）和有填料封闭管式刀型触头熔断器（NT），如图 4–7 所示。

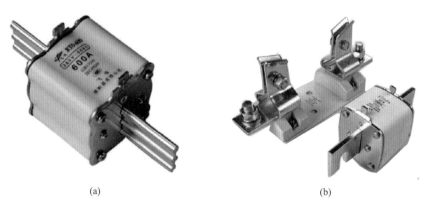

(a)   (b)

图 4–7　直流系统用熔断器
（a）RT0–600 型熔断器；（b）NT4–1000 型熔断器

1. RTO 熔断器

RTO 系列熔断器又称为有填料封闭管式熔断器，主要由管体、指示器、石英砂填料和熔体组成。它的管体由滑石陶瓷制成，管体外表做成波浪形，既增加了表面的散热面积，又比较美观。管体内圆两端各有四个螺孔，以便用螺丝将盖板装在管体上。上盖装有明显的红色指示器，指示熔断工作状态，当熔断时，指示器被弹起。熔体用薄紫铜片冲成筛孔，并围成笼形，中间焊以纯锡，熔体两端点焊于金属板上，以保证熔体与导电插刀间能很好地接触。管内充满经过特殊处理的石英砂，用来冷却和熄灭电弧。RTO熔断器具有结构简单、价格低、使用和维护方便、体积小巧、灭弧能力强、分断速度快以及熔体熔断后有显示的特点。

2. NT 系列熔断器

NT 系列熔断器又称为有填料封闭管式刀型触头熔断器，是一种具备高分断能力的熔断器，具有体积小、质量轻、分断能力强的特点。

3. 信号熔断器

信号熔断器也称为熔断器撞击器。它实际上就是将一个小熔断器并联在主熔断器旁，撞击器里面用高电阻丝制成，主熔断器在正常工作时撞击器是不带负载的，当主熔断器熔断后产生大电流使撞击器也熔断，然后撞击器熔断撞针弹出带动微动开关发送信号。

4. 熔断器的优缺点

熔断器具备安秒特性稳定和全反时限动作的特点，而且有限流特性好、结构简单、有明显的断口、保护级差配合选择方便等优点，所以蓄电池组出口回路的保护电器大都采用熔断器。熔断器也存在熔断体损伤判断困难、维护工作量大等缺点，所以为避免出现蓄电池组出口回路开路，选用带有熔断报警触点的熔断器可以提早发现此类故障。但熔断体的损伤、老化尚无可靠的技术手段实现在线检测，定期更换也缺乏相关技术规范。在采用熔断器作为保护电器时，为方便操作配合装设有隔离电器。目前，蓄电池组出口回路也逐渐开始采用具有选择性保护的直流断路器。

4.3.2 直流断路器

常用的低压直流断路器分为微型断路器、塑壳断路器和框架（万能）式直流断路器。壳架额定电流在 32A 及以下的，称为微型直流断路器；壳架额定电流在 100～1250A 范围内的称为塑壳直流断路器；壳架额定电流在 2000A 及以上的，称为框架式直流断路器。图 4-8 是各类低压直流断路器的实物图。

图4-8　微型断路器、塑壳断路器和框架（万能）式直流断路器

直流断路器作为保护电器时还兼备有操作功能，具备短路瞬动、过负荷延时动作以及带短路短延时的保护特性。过负荷保护有反时限动作特点，所以在充电装置直流侧出口回路、直流馈线回路和蓄电池试验放电回路一般采用直流断路器。高频开关型整流模块具有限流保护功能，当其组成的充电装置出口发生短路故障时，短路电流基本是由蓄电池组提供，短路电流方向是从直流母线经直流断路器流向充电装置。对有极性要求的直流断路器，充电装置输出回路的直流断路器需要采用反极性接线，当然也可选择没有极性要求的直流断路器。

一般情况下，直流断路器瞬时动作分断速度比熔断器要快。当熔断器装设在直流断路器的下一级时，进行上下级选择性级差配合时要求的级差较大，即便如此，也很难保证它们之间动作的选择性。所以出于保护电器的级差配合考虑，直流断路器下级最好不使用熔断器。

关于直流断路器和交流断路器在灭弧性能方面的差异以及在发电厂和变电（换流）站用直流系统中的应用情况，具体可参见6.3节。

4.4　监控和监测装置的配置

为保证发电厂和变电（换流）站用直流系统的正常工作，需要使用监控和监测装置对发电厂和变电（换流）站用直流系统的运行状态进行监测、控制、通信和管理。监控和监测装置主要包括：集中监控单元、直流系统绝缘监测装置、蓄电池电压巡检仪（选择性配置）、蓄电池远程放电装置（选择性配置）等。

4.4.1 监控装置

监控装置在交、直流一体化电源系统中分为总监控器和直流监控器。总监控器负责对一体化电源系统的交流电源系统和发电厂和变电（换流）站用直流系统实施监控。直流监控器对整个发电厂和变电（换流）站用直流系统的运行状态进行实时监控，具备发电厂和变电（换流）站用直流系统参数和状态的监测、报警、显示、记录和通信等功能，基本包括但不限于以下功能：

（1）监测运行数据，如交流输入、直流输出的电压和电流，蓄电池组的电压和充、放电电流。

（2）系统异常和故障报警，装置自诊断报警，如蓄电池组出口熔断器动作、断路器开/关状态。

（3）显示记录设置参数、运行数据，如充电电压与电流、均浮充转换周期、故障与异常信号、历史数据。

（4）操控管理，如充电装置开/停机、运行方式切换等控制。

（5）远程或与上位机通信，实现遥信、遥测、遥调及遥控等。

在发电厂和变电（换流）站用直流系统中，监控装置往往会成为电气监控的子系统。根据发电厂和变电（换流）站的容量规模大小和自动化水平的高低，对监控装置的相应要求区别很大。为提高发电厂和变电（换流）站用直流系统可靠性，在设计选型时将依据工程和投资的规模增加监控功能。

4.4.2 直流绝缘监测装置

在不接地的发电厂和变电（换流）站用直流系统中，当发生接地故障时不会引起直流供电回路的保护动作，但极易造成控制、保护装置误动或拒动，所以直流绝缘监测装置是监测系统出现绝缘降低或接地现象最有效的手段。

早期直流绝缘监测是通过绝缘监测继电器实现直流母线绝缘降低报警。绝缘监测继电器采用平衡桥原理，如图4-9所示。绝缘监测继电器（KVI）的检测桥电阻 R_1 和 R_2 与直流母线正、负极对地绝缘电阻 R_4、R_3 构成惠斯顿电桥，R_1 和 R_2 为等值电阻。直流母线绝缘良好时，对地绝缘电阻 R_4、R_3 被认为是等值的，惠斯顿电桥处于平衡状态，KD 线圈因无电流而不动作；当直流母线的正（或负）极对地绝缘电阻 R_4（或 R_3）下降到一定程度时，惠斯顿电桥失去平衡，KD 线圈会流过电桥的不平衡电流，当不平衡电流达到 KD 动作值时，其接点闭合使中间继电器 KC 动作发出报警。

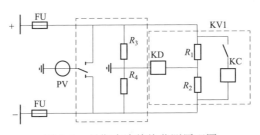

图 4-9 早期直流绝缘监测原理图

　　随着监测技术的发展，发电厂和变电（换流）站用直流系统网络规模的扩大和可靠要求的提高，加之对发电厂和变电（换流）站用直流系统接地支路侦测选线功能的要求，普通桥式检测的电压监察继电器方式的灵敏度和准确度已不能满足现代电力工程的需要。微机型直流绝缘监测装置无论是灵敏度和准确度，还是在监测功能上都有了长足的进步，所以一般要求微机型直流绝缘监测装置具备以下基本功能：

　　（1）实时监测和显示母线对地电压和母线对地绝缘电阻。

　　（2）直流母线绝缘降低和接地故障报警及接地支路的侦测。

　　（3）交流窜入、直流互串、直流母线合环等故障报警。

　　（4）装置自检和故障报警。

　　（5）装置之间的通信与监测协调等。

　　微机型直流绝缘监测装置的实物图如图 4-10 所示。现行的微机型直流绝缘监测装置一般将直流母线的绝缘监测和接地支路的侦测两种功能合为一体。装置长期运行于直流母线绝缘实时监测工作状态，当发现并发出直流母线绝缘告警时，启动支路的接地侦测，选出并显示发生接地故障的直流支路。

图4-10　微机型直流绝缘监测装置

　　直流母线绝缘监测的绝缘电阻检测电桥由平衡桥和不平衡桥构成，运行时以平衡桥方式为主，不平衡桥方式为辅。不平衡桥方式是为弥补直流母线正、负极对地绝缘电阻等值下降时平衡桥方式的监测盲区而设置的。

　　接地支路的侦测主要有直流差值和交流低频两种方式。直流差值方式是通过对发电厂和变电（换流）站用直流系统发生直流接地时支路电流不平衡度（漏电流）的测量来定位接地故障支路的方法。交流低频方式是用已知频率和振幅的正弦交流低频激励信号产生的接地故障电流信号来侦测接地故障支路的方法，主要有注入法和变桥法。交流低频正弦交流低频激励信号是由外部信号源注入的称为交流低频注入法，正弦交流低频激励信号是由交变检测电阻产生的称为交流低频变桥法。当存在对脉动电压敏感的直流负载（如干簧继电器）时，应当避免选用交流低频注入方式的产品，以防止在进行接地支路侦测时造成保护误动。

　　对双（多）母线的发电厂和变电（换流）站用直流系统，两套绝缘监测装置在母线并列运行时，由于检测桥电阻投切的相互影响，会造成两套绝缘监测装置均无法正常工作的情况，而且在多层辐射网络的主馈线和分馈线之间也同样存在这种现象。一般采用装置间的通信来协调检测桥电阻的投切，而且通常选用同一生产商的产品来解决通信问题。

　　过去认为系统发生单极一点接地时不会影响系统的继续运行。但研究以及实际运行都表明，在大规模的电力工程中，单极一点接地也可能造成对系统的危害。除此之外，像两套发电厂和变电（换流）站用直流系统互串以及交流窜入时等都会引起发电厂和变电（换流）站用直流系统故障，威胁发供电系统的正常运行。所以在设计和选择直流绝缘监测装置时，需要按实际工程的网络结构确定装置的工作方式和具体功能，满足系统安全、可靠运行。

有关直流绝缘监测装置及各种绝缘故障的影响与分析将在 6.4 节讨论。

4.4.3　蓄电池电压巡检装置

蓄电池电压巡检装置是具备蓄电池组整组和单只的电压巡回检测、报警控制、数据采集及通信等功能的在线监测装置，在蓄电池出现异常状态时发出就地报警信号或将信息上传至监控装置进行相应处理。有的装置还整合了对蓄电池内阻和温度巡检，以及在线放电等功能。

考虑到在交流中断时对蓄电池组的监测，最好选择装置工作电源由蓄电池组整组提供发电厂和变电（换流）站用直流的供电方式。由于单只蓄电池的电压较低，为了保证监测的有效性，装置直流电压测量准确度的选取应尽可能提高，且最低不应该低于 0.2%，同样电压采样输入阻抗的大小也应当明确。当需要装置在配合控制蓄电池组放电仪或无源触点信号时，触点容量也应该做出要求。蓄电池电压巡检装置实物如图 4–11 所示。

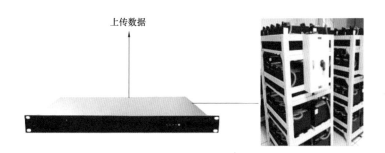

图 4–11　蓄电池电压巡检装置实物图

4.4.4　蓄电池内阻巡检装置

蓄电池内阻值能在一定程度上揭示蓄电池可能存在的问题。大部分在线式蓄电池内阻巡检装置采用直流瞬间放电法测试，如图 4–12 所示。通过瞬间向负载放电，快速测量断电前后电压的变化，从而计算出内阻。放电负载一般采用恒流负载，以确保电压变化时每次放电的电流不变。

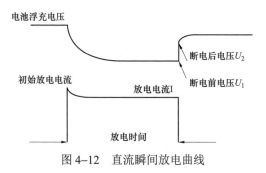

图 4-12　直流瞬间放电曲线

对于测试结果的评价基本采用横向或纵向比较法。

横向比较的方法是先计算出蓄电池组的平均内阻值，然后逐个进行比较，对内阻比较高的蓄电池再做全容量核对性放电试验，完成蓄电池状态的评价。由于每只蓄电池自身的差异，有时会影响横向比较的方法对蓄电池状态的评价，导致发生误判而增加维护工作量。

纵向比较的方法是对同一只蓄电池在不同时间测得的内阻值进行比较。以 100%容量时测得的数据作为基准值，当高出基准值 30%~50%时，认为蓄电池内阻发生较明显的变化，需要对蓄电池的运行状态进行关注；当超出基准值 50%时，认为是明显的变化，需要与制造商作进一步的讨论，或开展全容量核对性放电试验，对蓄电池的状态进行进一步地评价。

蓄电池厂采用 IEC 60896-22 的方法测量蓄电池内阻，如图 4-13 所示。通过两次放电法测定 U-I 放电特性曲线，将特性曲线外推，当曲线与坐标轴相交时确定短路电流值和内阻值。首先以 $I_a = 4I_{10}$ 的电流放电 20s，测量

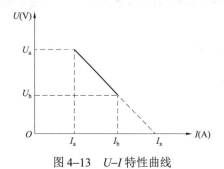

图 4-13　U-I 特性曲线

并记录蓄电池的端电压 U_a；在间断 5min 后，蓄电池不经充电，以 $I_b=20I_{10}$ 的电流放电 5s，测量并记录蓄电池的端电压 U_b。

对于蓄电池内阻的测量，使用不同技术获得的结果是不一样的。由于测量技术的差异，应认真评价测量获得的数据。

4.5　降压装置的选用

由于蓄电池组的充电电压一般会高于发电厂和变电（换流）站用直流系统的运行电压，高于系统电压的幅值取决于蓄电池组的电池数量和充电方式。蓄电池只数越多则充电电压幅值越大，均衡充电方式下的电压值最高，一般会超过系统运行电压的最大允许值。另外，当直流馈线较长、直流负荷容量较大时，也会采用提高母线电压值或增加蓄电池只数等方式，以保障馈线末端和蓄电池组放电末期的电压降能满足系统运行电压需求。为了使直流母线（一般是控制母线）电压满足系统运行电压的要求，需要采用降压装置来保证安全的运行电压水平。

降压装置一般采用硅链、斩波器或 DC/DC 稳压器进行电压调整。降压硅链是利用二极管正向压降（约 0.7V）原理，将硅二极管串联，然后按每级需要的压降值将数个硅二极管分为一组，通过并联在每组旁边的直流继电器，控制每组旁路的短接或开断来控制硅二极管组数的投入，进而调整运行电压，属于有级调压。电压调整是由控制器根据设置的电压值自动完成或根据需要手动操作转换开关完成，如图 4-14 所示。

硅链降压装置发生二极管开路故障的概率很低，绝大多数情况为二极管短路。一组中个别二极管短路不影响调压功能，并且硅链降压装置结构简单，可靠性高，抗负荷冲击能力强。但它存在的缺点是：调压不连续，输出电压呈阶梯式变化；反应慢，当输入电压突变时，输出电压与输入电压同步同幅度突变；当二极管开路时，输出失压等。

斩波器通过控制晶体管的导通时间达到降压的目的。设晶体管导通时间为 t_1、关断时间为 t_2、输入电压为 U_1、输出电压为 U_2，则：输出电压

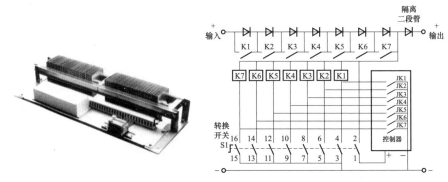

图 4-14 硅降压装置和其接线原理图

$U_2 = \dfrac{t_1}{t_1 + t_2} U_1$，即输出电压由晶体管开关的占空比决定。DC/DC 稳压器是输入与输出电气隔离的高频开关电源，高频变压器前端为逆变桥，将输入的直流电压变换为高频交流电压，经过高频变压器耦合到输出，再经高频整流变换为稳定的直流电压，即通过控制逆变桥的占空比，达到稳压的目的，如图 4-15 所示。

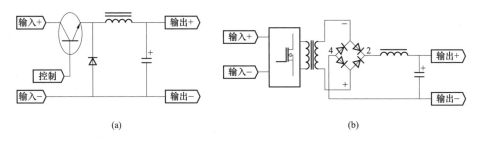

图 4-15 无级调压装置的接线原理图

（a）斩波器；（b）DC/DC 稳压器

　　相较于降压硅链的按级调整电压，斩波器和 DC/DC 稳压器的无级调压电压调节速度快，在输入电压突变时对输出电压的影响较小，使直流母线在调整范围内能输出连续可调、稳定的直流电压。但无级调压装置的过载能力有限，特别是在直流供电回路出现短路故障的情况下，其限流自保护功能会造成保护电器无法动作去切除故障回路。为了弥补故障电流的减少和预防无级调压装置故障造成控制母线失压的情况，通常采用无级调压装置与硅链调压装置并联使用的方式。

基于发电厂和变电（换流）站用直流系统安全可靠性要求，在硅链、斩波器或DC/DC稳压器选型时，除要考虑电压调节范围、电压调整级数、最大的持续负荷电流、冲击负荷的短时过载电流、反向电压等参数外，还需要具备硅链开路或无级调压装置故障造成直流母线失压的防范措施。为了减少冲击负荷在投入过程中对降压装置的冲击，不建议将大容量的动力负荷接入到控制母线上。

4.6   直流用电缆

直流供电电缆的可靠运行对直流供电系统的健康安全运行至关重要。直流电缆故障处理主要存在以下困难：① 故障点查找困难；② 故障电缆更换耗时费力。

鉴于发电厂和变电（换流）站用直流系统的重要性，直流电缆在设计、选型和安装过程中，需要综合考虑电缆敷设环境、负荷容量，以及负荷的重要性等因素，其中有些特别需要关注之处将在下文中进行阐述。

4.6.1   电缆类型的选择

为了保证在外部着火的情况下直流电缆仍能够维持一定时间的发电厂和变电（换流）站用直流供电，发电厂、变电站和换流站的发电厂和变电（换流）站用直流回路电缆应该首先选用耐火电缆或在有耐火防护措施时的阻燃电缆。比如在高温场所，可选用耐热聚氯乙烯电缆；在低温环境，可选用油纸绝缘或聚乙烯绝缘电缆。

基于发电厂和变电（换流）站的特殊环境，直流控制和保护回路选用屏蔽电缆可以防止电磁干扰。比如高压配电装置内的控制、信号回路，以及用于微机保护、自动装置的控制和信号电缆一般都采用屏蔽电缆或双屏蔽电缆。图4-16为双屏蔽直流电缆实物图。

为避免可能引起正、负极间的短路故障，蓄电池组的引出电缆最好采用独立通道并沿最短路径敷设。即便选用多芯电缆时，正极和负极也不能共用一根电缆，其允许载流量按同截面单芯电缆数值计算。这是由于蓄电

图 4-16 双屏蔽直流电缆

池室内可能会积累易燃易爆气体，而蓄电池组的保护电器一般布置在直流柜（直流柜一般布置在主控室或继电器室）内，导致蓄电池组引出电缆在发生短路时缺乏保护措施。为降低发生蓄电池正极和负极之间短路的可能性，提高可靠性，不应采用共用一根电缆的方式。

4.6.2 电缆截面的选择和允许压降

电缆截面的选择主要考虑长期允许载流量和允许电压降。由于在设计和选型时，电缆的实际长度和敷设情况不可能完全确定，所以在选择电缆截面时，计算用的长期允许载流量电流值要大于其预期的最大负荷电流。

作为蓄电池组与直流柜之间的连接用电缆，其计算用的长期允许载流量电流值不能小于蓄电池组的事故用放电电流，其允许电压降是取蓄电池 1h 放电率电流或事故放电初期（1min）冲击放电电流产生的电压降值二者中的较大者。允许电压降一般不超过直流系统标称电压的 1%。

集中辐射网络与分层辐射网络由于敷设和用电设备负荷供电方式存在差别，特别是分电柜到用电设备负荷终端断路器的距离存在差异，因而所用电缆的允许电压降要求会不同，在实际的工程设计中对电缆截面进行选择计算时要注意区别。集中辐射网络的直流柜与直流用电设备之间的连接用电缆，其计算用的长期允许载流量电流值不能小于回路的最大负荷电流，允许电压降一般由蓄电池组的最低端电压和用电设备允许的最低电压值之差确定（中国一般要求不大于系统标称电压的 3%～6.5%）；分层辐射网络的直流柜与直流分电柜之间的连接用电缆，其计算用的长期允许载流量电流值不能小于分电柜的最大负荷电流，允许电压降由直流柜与直流分电柜之间连接电缆的长度确定，考虑到直流分电柜与用电设备之间还会产生电压降，所以需要综合考虑直流柜与直流分电柜、直流分电柜与用电设备之间的电缆设计长度，使直流电源到用电设备的电压降不能超过允许电压降

（中国一般要求不大于系统标称电压的 6.5%）。

对于直流电动机的供电电缆、发电厂机组之间直流电源系统的应急联络电缆等，计算用的长期允许载流量电流值的选取和允许电压降均有各自的要求，不在此一一描述。总之，在选取直流电缆时，应充分考虑电缆承载负荷电流的特点、用电设备的电压降允许范围和电缆敷设长度等因素，合理选取计算数值，从而安全经济地确定选用电缆的截面积。

4.6.3 电缆的敷设

直流电缆敷设时应避免电缆遭受机械性外力、过热和腐蚀等危害，并应在满足安全要求的条件下，保证电缆路径最短，便于敷设施工和后期的运行维护。电缆数量较多的控制室、继电保护室等处，一般是在其下部设置电缆夹层。电缆数量较少时，也可采用有活动盖板的电缆层。在同一层支架上仅排列控制电缆和信号电缆时，电缆之间可以紧靠或多层叠置敷设。在与电力电缆并行敷设时，应尽可能地增大相互间的距离，尤其对电压高、电流大的电力电缆其间距应该更大。垂直走向的电缆应尽量沿着墙、柱敷设，当数量较多时应当设置专门的电缆竖井。

在易受外部火灾影响波及的电缆密集场所，为了防止电缆着火蔓延，需要设置防火墙等进行适当的阻火分隔。考虑工程的重要性、火灾几率和经济合理等因素，可选用相对阻燃耐火等级的电缆，也可采取增设火灾自动报警或专用消防装置等措施。

另外，在蓄电池极柱与引出电缆线鼻连接时，由于连接电缆会产生很大的扭曲应力，长期运行中可能造成电池极柱密封等部位损坏，所以应该采用过渡金属接线板分别连接，经过过渡软连接来消除电缆扭曲可能产生的应力。

4.7 低压直流用屏柜

图 4-17 为发电厂和变电（换流）站用直流系统屏柜的实物图。以下对发电厂和变电（换流）站低压直流屏柜的类型、技术参数和柜内主母线的

选择分别进行介绍。

图 4–17　发电厂和变电（换流）站用低压直流系统屏柜图

4.7.1　直流柜的类型

发电厂和变电（换流）站用直流设备中的直流柜可以分为分柜和充馈电一体柜两种形式。分柜由多个机柜组成，按机柜的功能一般分为充电柜、蓄电池柜、馈线柜、交流和直流电源切换柜等。典型的一充一馈（即一台充电柜和一台馈电柜）系统如图 4–18 所示。

由于蓄电池的运行状况直接关系到发电厂和变电（换流）站用直流系统的安全稳定运行，在对可靠性要求高的情况下，对于负荷容量较大、直流馈线支路较多的发电厂、变电站和换流站，采取在常见的一充一馈的基础上，增设馈电柜形成一充两馈。在有两套充电装置的情况下，一般采取两充四馈，或在两充四馈的基础上，采用在不同电压等级的高压室分别设立分电柜的组柜方式。

（1）充电柜：柜内一般安装有充电装置、断路器以及相应的指示器等，是完成交流电转变为直流电，并向蓄电池充电的柜子。

（2）蓄电池柜：组柜方式一般安装在主控室楼板上，考虑到楼板的承载荷重安全，将阀控密封铅酸蓄电池容量 300Ah 以下的或镉镍碱性蓄电池组装在柜内。

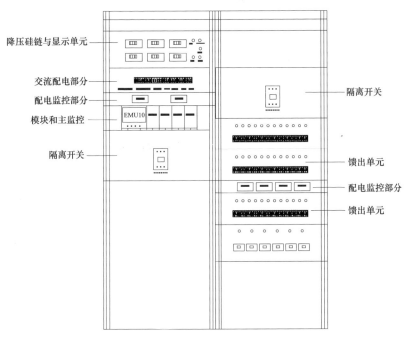

图 4-18　一充一馈分柜系统布局图

（3）进线和馈线柜：馈电（分电）柜是用于向直流负载进行直流供电分配与再分配的配电柜。柜内配置有母线、操作保护器件及相应的测量、指示仪器和直流系统绝缘监察等。将充电装置、蓄电池回路连接到直流母线上的柜子称为进线柜。相应地，馈线柜即是连接直流母线和直流负荷馈线的柜子。

（4）交流和直流电源切换柜：实现交流照明电源自动切换到直流电源功能的柜子，也可称为事故照明切换柜。

（5）充馈电一体柜系统：又称为电源成套装置，将充电装置、蓄电池、进线和馈线以及开关类设备按功能划分成若干个模块，经集成后组成的直流系统。一般适用于单蓄电池组充电装置、馈电回路较少（小于 24 回）、蓄电池容量较小（比如小于 150Ah）的系统。在进行系统设计时可参照图 4-19 的布局方式，依次放置相关单元。

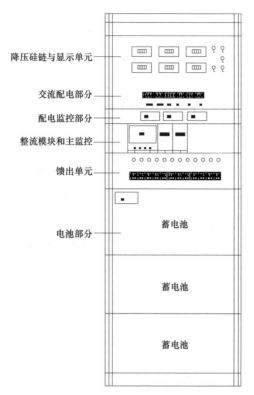

降压硅链与显示单元

交流配电部分

配电监控部分

整流模块和主监控

馈出单元

电池部分

蓄电池

蓄电池

蓄电池

图 4-19　充馈电一体柜系统布局图

4.7.2　技术参数

在选择直流柜的时候需要考虑的技术参数包括但不限于以下：

（1）额定电压和额定电流。

（2）动、热稳定要求：直流柜主母线及相应回路耐受母线出口短路时的动、热稳定要求。

（3）电气间隙和爬电距离，即柜内两带电导体之间、带电导体与裸露的不带电导体之间的最小距离。

（4）电气绝缘性能，主要包括绝缘电阻、工频耐压和冲击耐压。

（5）噪声。例如采用高频开关充电装置的系统，自冷式设备的噪声不大于 50dB，风冷式设备的噪声平均值不大于 55dB。

（6）温升：充电装置及各发热元器件，在额定负载下长期运行时，各部位的温升不超过规定值,例如母线连接处温升不超过 50K。

(7)直流柜的接线和结构。比如采用加强型结构,防护等级室内不低于 IP50,室外不低于 IP55。

4.7.3 柜内主母线的选择

直流屏主母线的合理选型对直流系统的可靠运行至关重要。在大容量的发电厂、超高压变电站以及换流站中,由于出线回路多,正常运行时的负荷也较大,所采用的蓄电池容量也相应的较大。当直流系统发生短路故障时,通过直流母线的短路电流也很大,特别是对于较大容量的阀控式密封铅酸蓄电池而言,由于其内阻小,则系统的短路电流会更大,往往达到 20~30kA。

一般情况下,直流柜主母线推荐选用阻燃绝缘铜母线,其长期允许载流量按蓄电池 1h 放电率来计算,若无确切数据时蓄电池 1h 放电率可按蓄电池额定容量(C_{10})的 55%~60%进行估算;其热稳定性根据短路电流来校验;正、负极母线间距离不小于 60mm,母线跨度最好不要超过 1000mm,当屏柜宽度超过 1000mm 时,需要在适当的位置增加母线支撑。

直流屏主母线的铜导体截面积的选择需要根据持续电流和短路电流的估算,并应综合考虑长期运行的安全可靠性要求。比如 1000Ah(C_{10})的蓄电池,1h 放电率为 580A,蓄电池出口短路电流约 8.48kA,则铜导体的截面积可选择 $60×6mm^2$。

5 运行与维护

5.1 铅酸蓄电池的充电

在铅酸蓄电池的充电过程中，直流电压将活性物质转化到高能荷电状态，电解质的相对密度从 1.21 变化为 1.30。由于正、负极板的充电接受能力不同以及硫酸根离子的扩散影响等，造成铅酸蓄电池的物理可逆性过程并不理想。因此，恰当的充电方式不仅能提高铅酸蓄电池的物理可逆性，而且能延长其使用寿命。

铅酸蓄电池充电的基本规则：在电池的充电量达到前次放电容量的100%以前，充电电流应控制在产生大于析气电压的电流值以下；在电池的充电量达到前次放电容量的100%时，充电电流应降到结束阶段电流值以下。

目前，铅酸蓄电池的充电方法较多，包括恒流充电、恒压充电、涓流充电、脉冲电流充电、渐减电流充电等。其中，传统的充电方法主要是恒流充电和恒压充电。

恒压充电是指将充电电压设定在蓄电池过充电区域，通过限制充电电流来避免造成蓄电池的损害。当充电电压达到设置的恒压电压值后，充电电流将会逐渐减小；当充电电流减小到一个非常小的稳定值时，转为浮充电方式。在整个充电过程中，充电电流得到了限制，因此又称为限流恒压充电。

恒流充电是指通常采用多个阶段的恒定电流对蓄电池进行充电。由于不控制充电电压，蓄电池在大部分时段处于较高的充电电压下，其内部易产生析气和腐蚀。

铅酸蓄电池传统的充电方法是在考虑富液铅酸蓄电池特性的基础上建立的，而阀控密封铅酸蓄电池是贫液式，因此，选择合适的充电方式，防止蓄电池在充电后期出现析气和热失控现象是一个值得研究的课题。

此外，铅酸蓄电池的充电方法还可按充电电压或电流的变化时间分为一段式充电、二段式充电和三段式充电；按充电的作用分为初充电、均衡充电和浮充电；按蓄电池组工作方式分为循环充电方式和浮充电方式。在现有的充电方式中，多段式充电方式的充电效率较高，电池逸出的气体较少，所以，铅酸蓄电池通常采用恒流转恒压的二段式充电，或恒流转恒压转浮充电的三段式充电。

5.1.1 初充电

为了适应电池需要长期贮存或长距离运输的需求，通常会除去电池中的电解液，从而起到稳定电池性能的效果。这类除去电解液的电池称为"干荷电"电池，即电池是荷电的、干燥的。"干荷电"电池的极板是带有电荷的，虽然化成后的极板在生产中经过保护性放电，对负极活性物质的氧化具有阻止作用，但负极板的绒状铅在长期贮存中仍不能避免被氧化，进而失去电荷。所以，新的铅酸蓄电池在投入使用前需对注入电解液后的铅酸蓄电池进行初充电，并待初充电完成后才能转入正常运行。初充电采用先恒流后恒压的二段式充电，当充入的容量达到 4 倍蓄电池额定容量时，初充电结束转为浮充电，蓄电池组投入正常运行。

固定型防酸隔爆式铅酸蓄电池和消氢式铅酸蓄电池是"干荷电"电池，因此在投运前需要进行初充电。而阀控密封铅酸蓄电池在出厂时是注入了电解液的"湿荷电"电池，不需要进行初充电，仅需针对存储期间蓄电池的自放电造成的容量损失才进行补充充电。

5.1.2 均衡充电

在发电厂和变电（换流）站用直流系统中，蓄电池组基本上都是由多只单体电池串联组成的。在理想情况下，若每只单体电池的性能完全一致，则蓄电池组中各单体电池的电压相同。然而，每只蓄电池的生产和使用不可能做到完全一致，甚至运行环境、工作状态都会使得蓄电池在运行一段时间后出现差异。所以，蓄电池的不一致性问题是无法避免的。蓄电池组中各单体电池的电压必然会出现不一致，极易造成个别蓄电池长期处于欠充或过充，从而影响蓄电池组整体寿命。例如，AGM 蓄电池中电池的饱和度会随着失水及电解液从隔板到极板的重新分布而变化，虽然每只电池电压的累加等于蓄电池组的总电压，但每只电池电压不会都相同，且电池电压会随充电时间的变化而变化。同时，环境温度会影响蓄电池电解液的温度。若电解液温度升高时，则蓄电池的导电率会增大，相同的浮充电压下的充电电流也会增大，极易造成蓄电池过充；反之，会造成蓄电池欠充。另外，运行时间较长的蓄电池自放电会增大，恒定不变的浮充电压会造成蓄电池在运行后期出现欠充。因此，为了避免蓄电池组在浮充电下个别蓄电池长期处于欠充或过充状态，造成蓄电池容量早衰，就需要对蓄电池组进行均衡充电。

均衡充电不能通过提高浮充电压的方法进行。提高浮充电压就会加剧蓄电池极板、汇流条等内部的金属腐蚀，影响蓄电池寿命。目前，蓄电池均衡充电的方法有很多，按蓄电池均衡标准归纳为电压均衡法和 SOC 均衡法。电压均衡法是在保证所有单体电池都不过充的前提下，通过一定的充电控制策略使得所有单体电池的电压基本达到一致。这种方法易于实现，应用较为广泛。在中国发电厂和变电（换流）站用直流系统中，均衡（补充）充电一般也采用恒流限压转恒压的二段式充电，先用 I_{10}（$0.1C_{10}$）电流恒流充电，当蓄电池组端电压达到设置的限压值（一般为 2.30～2.35V×N）时，转为限压（恒压）充电，充电电流减小到 $0.1I_{10}$ 并作为计时点开始保持到设定的时间（一般 2h 不再变化时），均衡充电结束转为浮充电（电压一般为 2.23～2.28V×N），蓄电池组进入正常运行状态。

蓄电池放电后进行容量恢复时的充电称为补充充电。均衡充电和补充充电的充电方式相同，只是均衡充电采用定期制，一般每 3～6 个月进行一次；而补充充电则是根据蓄电池的放电状况进行的。定期进行均衡充电是保证蓄电池能够有效工作的重要手段。

5.1.3 浮充电

为满足发电厂和变电（换流）站用直流系统连续可靠供电的要求，蓄电池组不能脱离直流母线工作。同时，当交流供电中断时，为了保证蓄电池组能持续向直流负载提供足够的电能，蓄电池容量须处于完全饱和状态。因此，发电厂和变电（换流）站用直流系统中的蓄电池组长期处于浮充电运行状态。

浮充电方式，是指将充足电的蓄电池组与充电设备并列运行的方式。浮充电方式下主要由充电设备为经常性直流负荷供电，蓄电池组几乎不供电；充电设备以不大的电流来补充蓄电池组的自放电，以及由于直流负荷短路或冲击负荷引起的蓄电池组少量放电。

浮充电电压的选择对蓄电池的使用寿命、对直流系统的安全可靠运行都具有十分重要的作用。过高的浮充电压会造成蓄电池过充，降低蓄电池的使用寿命，尤其导致 AGM 蓄电池的水分蒸发，造成电解液干涸使蓄电池容量枯竭。过低的浮充电压无法弥补蓄电池自放电的容量损失，造成蓄电池欠充，极板盐化、内阻增大，出现容量早衰。就蓄电池而言，浮充电的目的是为了弥补自放电损耗。在满足这一要求的情况下，浮充电电压值尽可能选择低一些会有益于延长蓄电池的寿命。

浮充电电压值还与蓄电池组的电池数量相关。为了使蓄电池放电末期满足系统电压的要求，正常运行的蓄电池组电压往往较高。由于浮充电电压还要满足经常性直流负荷的供电电压要求，所以在设计选型时要兼顾浮充电电压和直流负荷工作电压，必要时可以选用降压装置使两者达到平衡。

5.2 铅酸蓄电池的放电

发电厂和变电（换流）站用直流系统蓄电池组的放电分为自放电、事故放电、冲击负荷短时放电、核对性放电和活化放电。

蓄电池的自放电，是指由蓄电池极化等内部原因而引起的容量正常损失。

蓄电池组的事故放电，是指当电网事故等原因造成直流系统的交流电源中断时，仅由蓄电池组为直流负荷供电而引起的放电。

断路器电磁操动机构动作、直流油泵启动时的瞬时电流很大，仅靠整流充电装置不能满足此类直流冲击负荷的供电要求，还需要蓄电池组提供一定的大电流，把这种蓄电池的短时大电流放电称为蓄电池组的冲击负荷短时放电。

为评估新安装或已运行蓄电池组的实际容量而进行的人工负载放电，称为蓄电池容量的核对性放电。放电至蓄电池终止电压的核对性放电，称为全容量核对性放电。

长时间在浮充电状态下运行的蓄电池几乎不放电，所以其负极板上容

易产生 P_bSO_4 结晶盐，造成极板上活性物质减少，蓄电池容量降低。为消除 P_bSO_4 结晶盐的影响，通常需要对浮充的蓄电池进行人工负载深度放电（DOD 70%以上，然后再恢复充电，有时会进行几次充放电循环），我们把这种放电称为蓄电池的活化放电。

核对性放电和活化放电属于维护蓄电池的放电行为。核对性放电和活化放电基本上采用恒流放电的方法，对蓄电池进行人工负载深度放电。核对性放电是至今为止评判铅酸蓄电池容量唯一且最为有效和准确的方法。在核对性放电试验中，全容量核对性放电试验的整个过程持续时间较长，且一般需要 24h 才能恢复运行。那么，如何尽可能缩短蓄电池的维护时间，如何高效、准确地获得蓄电池组的运行状态，仍然是亟待研究和规范的课题。

5.2.1　全容量核容放电

为了准确而有效地判断阀控密封铅酸蓄电池的运行状况，一直以来电力、通信系统均定期进行容量放电试验，来进行蓄电池剩余容量的测试。

电力工程用铅酸蓄电池的全容量核容按 10h 率的放电速率放电，即 0.1 倍容量（$I_{10}=0.1C_{10}$）确定的恒定放电电流。全容量核容放电结束的判定条件：

（1）蓄电池组中任一只蓄电池端电压降至 10h 率放电终止电压时停止放电。其中，终止电压是指蓄电池规定的最低放电电压，标称电压 2V 的蓄电池一般为 1.8V。

（2）放电时间达到 10h，停止放电。

（3）放电电流与放电时间的乘积，即是该蓄电池组的实际测试容量。经过温度修正后的实际容量低于额定容量的 80%时，可判定蓄电池容量已不满足运行要求。

蓄电池容量温度修正一般是通过采集放电开始时的蓄电池组附近环境温度，将测试得到的容量值通过公式（5-1），换算成 25℃基准温度时的实际容量值 C_e。

$$C_e = \frac{C_t}{1 + K(t - 25℃)} \tag{5-1}$$

式中　C_t——蓄电池实测容量；

　　　t——放电时蓄电池温度（一般取蓄电池组的环境温度）；

　　　K——铅酸蓄电池放电率温度系数（一般取 $K_{10}=0.006/℃$；$K_3=0.008/℃$；

　　　　　$K_1=0.01/℃$）。

蓄电池容量核容放电一般采用具有稳流特性和保护等功能的专用负载，即蓄电池容量放电测试仪进行。蓄电池容量放电测试仪按放电负载型式分为电阻式和电子式，按放电电阻类型分为陶瓷 PTC 和合金电阻，按使用方式分为固定式和便携（移动）式。图 5-1 是阻式恒流放电负载的原理图和放电电流波形图。

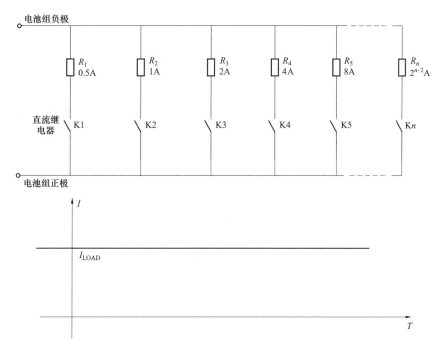

图 5-1　电阻式恒流放电负载的原理图和放电电流波形图

按照蓄电池要求的放电倍率，以此恒定电流放电至规定的放电终止电压时得到的放电时间，并通过温度系数修正后计算得到的容量为蓄电池在该放电倍率下的实际容量。

5.2.2 50%放电

对只安装了一组阀控密封铅酸蓄电池的发电厂和变电（换流）站用直流系统，由于蓄电池组不能脱离直流母线进行放电测试，为了有效地评估单组配置阀控蓄电池的运行状况，研究人员提出一种"50%放电"测试方法。"50%放电"测试方法有两个关键点：① 如何不脱离直流母线安全地进行放电测试；② 如何对蓄电池的容量状态进行判定。

1. 蓄电池不脱离直流母线在线测试方法

蓄电池组在进行放电测试时，需要与充电装置进行隔离，使得充电装置不再对蓄电池进行充电。但是，为了系统运行安全的需要，又必须保证蓄电池组不脱离母线，即蓄电池组与母线相连。为了满足上述两种工作状态的要求，研究人员开发了利用二极管作为主要元件且带有其他保护辅助功能的保安装置。该保安装置的技术核心是利用二极管的单向自导通特性，并与蓄电池出口熔断器进行恰当配合，能够实现蓄电池组不脱离直流母线进行放电测试，同时还能保证交流电源中断时蓄电池组无间隙地向直流负载供电。下面简要介绍以二极管为核心元件的保安装置是如何实现蓄电池不脱离直流母线在线测试的，接线图如图 5–2所示。

（1）先将保安装置并联在被评估蓄电池组的出口熔断器或直流断路器两端，检查确认接线无误后，再拉开出口熔断器或直流断路器，使保安装置串入蓄电池组至直流母线的供电回路中。由于保安装置的逆止作用，充电装置不再向蓄电池组充电，只向经常性负荷提供电源，蓄电池组处于热备用状态。采用蓄电池放电特性测试仪作为外加人工负载对蓄电池组进行不离线"50%放电"容量测试，以 10h 率即 $0.1C_{10}$ 放电电流，放电 5h 进行核对性放电。

（2）当出现蓄电池端电压下降过快或其他异常现象时，合上出口熔断器或直流断路器，恢复对蓄电池组的充电。

（3）当交流中断需要供给事故用电时，蓄电池组将无间隙地提供直流电源,同时保安装置发出报警并断开人工放电负载,停止蓄电池组放电测试,蓄电池组退出热备用状态转入运行工作状态。

(4)在放电保安装置的保护下,采用人工放电电阻按 10h 率放电电流进行不离线放电测试。当放电达到 5h,任一只电池端电压均不低于 1.95V 时,停止放电测试并恢复对蓄电池组进行充电;反之,需按相关标准规定进行深度活化,重复两次测试,确定该蓄电池组剩余容量是否不低于 $80\%C_{10}$。

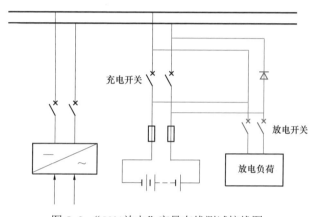

图 5-2 "50%放电"容量在线测试接线图

2. 蓄电池容量状态的判定方法

以放电率确定的放电电流,恒流放电到终止电压值的放电时间,并通过温度修正,最后计算得到蓄电池的实际放出容量,完成蓄电池状态的判定。采用 50%放电核容,放电电流仍是按 10h 率的电流值,放电时间为 5h,温度修正公式和系数与全容量核对性相同,所以需要的是必须确定对应的 50%放电终止电压值。

由于蓄电池实际容量是以不小于 80%额定容量作为判断依据,所以剩余容量为 80%额定容量的蓄电池在第 5h 呈现最低放电电压,即是 50%放电的终止电压。获取 50%放电终止电压值,是通过对收集到的蓄电池剩余容量为 80%额定容量第 5h 放电电压有效样本进行区间段处理,从 1.92~1.99V 共分 7 个区间段,然后进行数据分析和拟合。如图 5-3 所示,拟合曲线近似于正态分布。

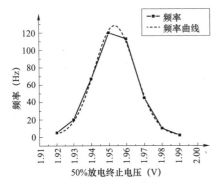
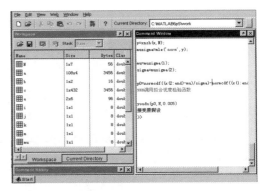

图5-3　50%放电终止电压值正态分布的拟合曲线

假设蓄电池样本总体 $X \sim N(\mu, \delta^2)$，μ、δ^2 未知。

先用样本观测值 x_1，x_2，$\cdots$，x_n 在 H_0 成立的前提下，对未知参数 θ 求极大似然估计 $\hat{\theta}$，进而得到各 p_i 的估计 $\hat{p}_i \underline{\mathrm{def}} p_i(\hat{\theta})$，然后用估计来的 $\hat{p}_i$ 替换 $p_i(\theta)$ 代入 p_i 的表达式，得

$$\hat{\chi}^2 = \sum_{i=1}^{r} \frac{(n_i - n\hat{p}_i)^2}{n\hat{p}_i}$$

此时的 $\hat{\chi}^2$ 已不再服从 $\hat{\chi}^2(r-1)$ 分布了。

但是，当 H_0 成立时，有 $\hat{\chi}^2 \xrightarrow{\text{依分布}} \chi^2(r-m-1), (n \to \infty)$

其中，m 是用极大似然法估计的位置参数的个数（即参数向量 θ 的维数）。

于是得到 H_0 的拒绝域

$$W = \left\{ (x_1, x_2, \cdots, x_n) \middle| \sum_{i=1}^{r} \frac{(n_i - n\hat{p}_i)^2}{n\hat{p}_i} > \chi_\alpha^2(r-m-1) \right\}$$

采用 MATLAB 对所获取的 50% 放电对应蓄电池组剩余容量在 80% 额定容量时的终止电压有效样本数进行正态分布的假设检验，可得出结论：接受原假设，即认为在显著性水平 $\alpha = 0.05$ 下，80% 额定容量的第 5h 放电电压样本满足正态分布。

在证明了蓄电池剩余容量为 80% 额定容量第 5h 放电电压样本满足正态分布以后，接下来就要找出剩余容量为 80% 额定容量的第 5h 放电终止电压的确定值。这里用参数估计来找出这个值。参数估计通常有点估计和区间

估计两种方案。由于点估计法总是有误差的，并且没有衡量偏差程度的量，而区间估计法则是按一定的可靠性程度对待估参数给出一定的区间范围，所以在这里使用的是区间估计法进行参数估计。

MATLAB 程序运行后，在置信度 90%～99.5%时，置信下限在 1.9523～1.9515 变化。虽然通过蓄电池剩余容量为 80%额定容量第 5h 放电电压样本进行分析已经得到 50%放电终止电压值，但是蓄电池剩余容量为 80%额定容量第 5h 放电电压样本量毕竟是有限的（约 400 个）。本节通过回归分析方法对更多的样本量（约 4000 个）进行建模分析，从而验证通过区间参数估计法所得到的 50%放电终止电压的结果。

将收集到的 4000 多个容量在 80%～100%额定容量之间的蓄电池 8h 放电电压 x_i 和 5h 放电电压 y_i 测量值经过数据处理后，代入上式进行回归分析，得出如图 5-4 的一元线性回归图：

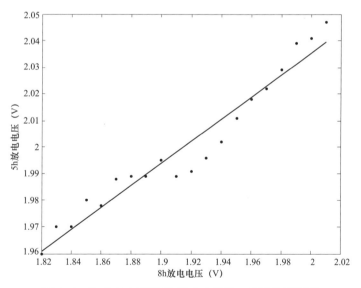

图 5-4　5h 放电电压和 8h 放电电压的一元线性回归图

回归方程的显著性检验采用了：① F 检验法——方差分析法；② r 检验法——拟合程度的测定；③ 估计标准误差。通过回归分析方法建立在蓄电池容量合格的情况下（即容量≥80%额定容量）5h 放电电压 X_i 和 8h 放电电压 Y_i 之间的一元线性回归模型，并且该模型通过了过显著性检验、拟合程

度的测定以及估计标准误差的计算，即该一元线性回归方程 y=1.2068+
0.414 29x 满足要求。那么当蓄电池 8h 放电电压，即 x 等于 1.8V 时，5h 放
电电压 y 为 y=1.2068+0.414 29×1.8=1.952 522（V）。即在置信度 90%～99.5%
区间内，蓄电池剩余容量为 80%额定容量第 5h 放电电压在 1.9523～1.9515V
变化时，回归线性方程得到的结果与通过区间估计得到的结果基本一致。

通过对原始核容测试记录筛选后的近 5000 个放电数据进行分析建模，
验证样本呈正态分布。用区间参数估计法和回归分析法对更多的样本量进
行建模计算验证，最终得出的结论是：在以 I_{10} 电流进行核对性放电的前 5h
内，如果任意一只蓄电池端电压低于 1.95V，那么在置信度为 90%～99.5%
的区间内，蓄电池组的容量低于 80%C_{10}，建议对蓄电池组进行全容量核对
性放电，以得到蓄电池组的精确容量。

阀控密封铅酸蓄电池 50%放电的容量核对性试验，是以 1.0I_{10} 的放电电
流连续放电 5h，50%放电的终止电压设置为 1.95V。当放电 5h 内未达到 1.95V
放电终止电压的蓄电池组，认为其容量不低于 80%C_{10}，恢复充电后继续运
行。当放电 5h 内任一只蓄电池达到 1.95V 的终止电压，应立即停止核对性
放电试验，恢复充电后采取措施，对该组蓄电池进行全容量核对性放电试
验，最终确定蓄电池组是否低于 80%C_{10} 的容量。

5.2.3 运行中蓄电池状态的预测

在蓄电池正常运行过程中，蓄电池剩余容量或蓄电池的内部状态评估
除了上述的全核容或 50%放电确定外，还可以通过检测蓄电池的开路电压
和浮充电压等方式进行。

1. 开路电压

由于蓄电池开路电压与电解液的密度密切相关，而蓄电池放电容量与
参与反应的电解液的容量相关，所以采用蓄电池开路电压推算蓄电池容量
的方法不可取。但通过蓄电池开路电压定性地评价其放电容量状态，仍不
失为一种比较有效的预测方法。

阀控密封铅酸蓄电池（玻纤贫液）的电解液密度约为 1.30kg/L，蓄电池
的电动势在正负极板的有效物质固定后，主要由电解液的密度决定。不同
型号的蓄电池在充满电后的单体开路电压值略有差异，一般在 2.13～2.16V。

当低于 2.13V 时，可以判断其电解液密度低于 1.30kg/L，意味着该蓄电池电解液密度低，会影响放电容量，造成极板硫化，影响蓄电池的使用寿命。当高于 2.16V 时，可以判断其电解液密度高于 1.30kg/L，蓄电池电解液密度高，会造成隔板、极板等电解氧化遭受破坏，加速腐蚀，活性物质松动，蓄电池的容量早衰。

2. 浮充电压

由于蓄电池浮充电压是蓄电池内部状况的综合反应，同组蓄电池在浮充电下的运行状况完全相同，各只蓄电池表现出的浮充电压高低差异实质上是其健康水平的体现。

在正常充电状态下，若某只蓄电池的浮充电压明显低于整组浮充电压平均值时，除了考虑自身特性的相对差异外，还应重点考虑该电池是否存在自放电比较严重或内部有轻微故障的情况，表明该电池处于欠充状态。当一组蓄电池中存在多只浮充电压偏低时，应考虑采用均衡充电法进行适当的活化维护，个别落后电池可采用单独进行多次循环活化的方法使其恢复健康。

在正常充电状态下，若某只蓄电池的浮充电压明显高于整组浮充电压的平均值时，除了考虑自身特性的相对差异外，还应重点考虑是否是电池内部失水或极板盐化。对极板盐化的个别落后电池也可单独进行多次循环活化，使其恢复健康。

5.3 蓄电池内阻测试

5.3.1 蓄电池内阻的定义

蓄电池内阻的物理定义是指蓄电池在工作时，电流流过电池内部所受到的阻力。而根据电化学理论，蓄电池的内阻由欧姆内阻和极化内阻构成。欧姆内阻包括电极、隔板、电解液以及汇流条等部件的电阻，它遵从欧姆定律。极化内阻包括浓差极化内阻和活化极化内阻（电化学极化），浓差极化内阻是由化学反应时离子扩散浓度不均而造成的电位差形成，由于化学反应始终存在，也即蓄电池的荷电态在变化，所以浓差极化内阻值始终是个变量。活化极化内阻（电化学极化）是由于电极电化学反应迟延而引起偏离平衡电位的电位差，电流密度和电极材料是其主要影响因素，即使在电池寿命后期或放电末期其值变化也较小。

蓄电池内阻不是一个固定的数值，处于不同的荷电态时其值不同。一直以来都有人尝试找到蓄电池内阻值与蓄电池剩余容量的对应关系，通过测量内阻来判断蓄电池容量。大量的试验结果已证实在蓄电池 80% 容量区间不存在可供评判的对应关系。但在相同荷电态如果内阻发生较大变化，表征蓄电池内部发生了改变，也能对判断蓄电池状态起到一定的辅助作用。

由于蓄电池内阻的定义没有具体的单位和数学表达式，为了满足电力工程测试的实际需要，建议引入蓄电池评估内阻的概念，即一定条件下的电池电流变化与相应电压变化之比称为蓄电池评估内阻，它仅用于辅助评估蓄电池运行状态，评估内阻用欧姆表示。

5.3.2 蓄电池内阻测试方法

蓄电池的内阻不能通过普通的万用表来测量。在现场调试与维护工作中，一般使用蓄电池内阻测试仪进行测试，此类设备主要采用直流放电法或交流压降法测试蓄电池内阻。

1. 直流放电法

直流放电法也称直流负载法，是 IEC 组织推荐的方法。它是通过阻性负载进行短时大电流放电，蓄电池上的直流压降与负载上电流的比值就是电池内阻，放电电流的大小取决于电池容量和型号。直流放电法的优点是采用负载放电模式，完全符合蓄电池的工作机理，能够反映蓄电池的实际工作特性；其次是抗干扰能力强，不受高频充电机产生的谐波的影响。其缺点是大电流通过蓄电池时会产生极化内阻，影响内阻的测量误差；同时，大电流放电也会对蓄电池内部的电极造成一定的损伤。

2. 交流压降法

交流压降法是向蓄电池施加一已知频率和振幅的正弦交流激励信号，

然后测得蓄电池两端的电压及流过的电流向量，进而计算得出蓄电池内阻的方法。交流压降法的优点是蓄电池不需要放电，且无需处于脱机状态，可安全实现蓄电池的在线监测管理；同时，抗干扰性强，测量数据稳定，使用小电流进行测量，避免了对主回路的影响和蓄电池的损伤。其缺点是交流放电与蓄电池的直流放电工作状态不符，测量的数据与蓄电池容量之间的关系偏差大。

目前，行业内对蓄电池的内阻测试方法并未达成统一的意见。不同的测量方法有其各自的评价力和局限性，不同方法对同一蓄电池会得到不同的内阻值，很难认定哪一种测量方法更加准确。

5.3.3 蓄电池内阻测试仪

在蓄电池的实际现场维护工作中，蓄电池的内阻测试基本上采用内阻测试仪进行。蓄电池内阻测试仪的工作原理普遍采用交流压降法，是快速准确测量蓄电池健康状态、荷电状态以及连接电阻参数的便携式数字存储式测试仪器。仪器的整个电路可以分为恒流源电路、信号采样调理电路、串行通信电路三部分，其结构示意图如图 5-5 所示。

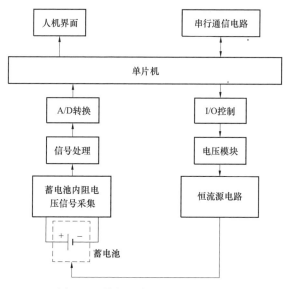

图 5-5 蓄电池内阻测试仪原理图

该仪器能够通过在线测试，显示并记录单节或多组电池的电压、内阻、容量等重要参数，精确而有效地挑出落后的蓄电池，并可与计算机及专用电池数据管理软件配合使用生成测试报告，跟踪蓄电池的衰变趋势，并提供维护建议。其优点：检测蓄电池内阻时不需要把它从系统中拆除而能直接在线检测，不会影响电源系统的工作，从而避免电源系统风险；小巧轻便，现场使用工作量小，操作方便，检测时间一般是2～3s测试一节蓄电池，现场维护效率高等。

5.4 蓄电池单体活化

5.4.1 蓄电池的活化

在长期浮充电运行的蓄电池组中，个别蓄电池的容量与其他蓄电池相比明显偏低，我们称这种蓄电池为落后电池。落后电池的电压和电解液比重在放电时降低很快，而充电时则上升很慢，一到两个落后电池就会影响全组蓄电池的放电。因此，对落后电池进行活化处理，使得其容量恢复是一种有效的手段。

活化是指按蓄电池的规格设定的充、放电条件对落后电池完成多个充、放电循环，使其恢复容量的过程。定期的均衡充电是活化的一种方式，但在运行中让整组多次均衡充电，减少了蓄电池的循环寿命，增加了热失控的风险，加重了维护工作量，降低了直流系统的安全可靠性。因此，通常仅对落后电池单独进行活化处理。

5.4.2 蓄电池的活化方法

对蓄电池的活化主要是通过不同的充放电方式，使铅酸蓄电池极板上因硫化而生成的粗晶粒硫酸铅转化为二氧化铅和海绵状纯铅。其中，充电方式主要包括高电压法、循环充放法和脉冲充电法等。

高电压法是采取充电时的持久高电压或大电流修复蓄电池的方法。这种方法主要采取电池标称电压的 1.3～1.5 倍的充电电压修复电池，充电时间不宜过长，电池充电温度控制在 45℃以下，否则电池会因发热而析出大量气体。此方法对短路、极板硫化程度不高的蓄电池具有一定的修复作用，但使用不当会对电池极板压点造成伤害。

循环充放法是对蓄电池采取全充满电后再完全放出并多次循环充放电的方法。此方法主要是对轻度损伤的蓄电池具有一定的修复作用，同时还可以有效激活蓄电池深层的活性物质，提高蓄电池容量。此方法的关键是充放电一定要充分，单体电池性能差的应充放电，全充放一至两次后，蓄电池容量将得到提升。

脉冲充电法是运用复合脉冲电压冲击硫酸粗晶粒，干扰其存在和生长，把蓄电池硫化的"不可逆"变成"可逆"，且基本上不会损伤电池极板。因为任何晶体在分子结构确定以后，都有其固有的谐振频率。而脉冲通常含有丰富的谐波成分，其低频部分振幅大，有可能使大硫酸铅晶粒获得共振能量；高频部分振幅小，有可能使小硫酸铅晶粒获得共振。因此，正确选取或变换脉冲频率，以较小的电流密度对正极板充电，使硫酸铅晶粒活跃起来，从而得到分解，有效地解决极板硫化问题。

5.4.3 蓄电池单体活化仪

用于对落后电池以在线或离线方式进行蓄电池单体活化的维护与测试设备称为蓄电池单体活化仪。该仪器能对不同电压等极的单体电池进行活化测试，具有三种独立的工作方式，分别是电池放电方式、电池充电方式和电池活化方式。蓄电池单体活化仪最重要的电路为充电主电路和放电主电路。

蓄电池单体活化仪的充电主电路由交流输入、整流滤波、电能变换主电路及输出滤波电路构成，如图 5-6 所示，高频整流部分采用隔离型移相全桥软开关变换电路，提高了充电效率和电能变换的电磁兼容性。同时，为兼顾 2、6、12V 的三种蓄电池，减少元器件数量，将高频变压器、高频输出整流分为三路，通过转换开关就可按照电池类型选择对应的电能变换通道。

蓄电池单体活化仪的放电电路原理图如图 5-7 所示。电路采用电阻耗能式放电，以功率 MOSFET 为控制器件，采用程序对多个支路组合控制，从而实现精确的宽范围恒流放电。为减轻控制单元负担，放电电路具备闭环恒流调节功能，对实际放电电流与目标电流的误差进行放大，并以此为依据调整 MOSFET 栅极电压，控制其工作在截止、放大、饱和的工作状态，确保放电电流精确恒定。放电控制以复杂可编程逻辑器件（CPLD）为核心，完成复杂的时序和逻辑处理，简化了硬件电路，提高了系统可靠性和灵活性。

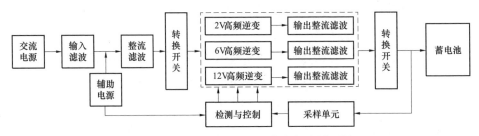

图 5-6 蓄电池单体活化仪充电部分原理图

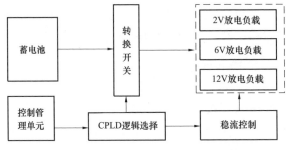

图 5-7 蓄电池单体活化仪放电部分原理图

5.5 直流接地点的查找

5.5.1 直流接地故障分类

随着季节、温度和湿度等外部环境的变化，暴露在外部环境中的电缆绝缘材料会产生损伤和老化，加之所接设备在运行过程中自身可能会发生一定程度的质量问题，使某些绝缘性能不佳的元件丧失和降低绝缘性能，从而造成发电厂和变电（换流）站用直流系统出现接地故障。根据接地性质、接地形式及发生的原因等方面归纳起来，发电厂和变电（换流）站用直流系统接地故障主要有以下几种情况：

（1）阻性接地。即通过电阻发生接地，是直流系统最为常见的接地故障。

（2）有源接地。即通过其他系统外部电源［可能是交流或发电厂和变电（换流）站用直流］发生接地，是发电厂和变电（换流）站用直流系统最严重的接地故障。

（3）多分支接地。即发电厂和变电（换流）站用直流系统的多条母线通过整个系统形成多分支，遂与接地故障处相连，为故障的检测和维护人员的查找带来极大的不便。

5.5.2 接地故障点查找方法

发电厂和变电（换流）站用直流系统中，直流阻性接地故障分为金属接地（直接接地）和非金属接地。排除直流接地故障的关键是接地故障的定位。其中，查找非金属接地故障是十分困难的。非金属接地故障往往是由于环境因素造成设备的元器件、电缆等整体老化而导致绝缘性能下降所引起的。由于绝缘性能会随着环境的变化而变化，因此相关情况十分复杂。

（1）直流接地故障定位的一般原则是：优先考虑户外设备绝缘降低的可能性，先事故照明、防误闭锁装置回路、户外合闸（储能）回路、户内合闸（储能）回路、信号电源，后控制电源、保护电源、充电装置和蓄电池回路；先双电源供电回路，后单电源供电回路。在具体故障定位过程中需要遵循的注意事项如下：

1）直流系统接地后，有关人员应记录时间、接地极、绝缘监测装置提示的支路号和绝缘电阻等信息。宜用万用表测量直流母线正对地、负对地电压。接地极对地电压应下降，另一级对地电压应上升，并与绝缘监测装置核对无误。

2）出现直流系统接地故障时应及时消除。同一直流母线段出现同时两点接地时，应立即采取措施消除，避免由于直流同一母线两点接地而造成继电保护、断路器误动或拒动。

3）发生直流接地后，根据接地选线装置指示或当日的工作情况、天气和直流系统的绝缘状况，分析是否是天气原因造成的或二次回路上有工作。如二次回路上有工作或有检修试验工作时，应立即拉开直流试验电源看是否为检修工作所引起，找出接地故障点，并尽快消除。

4）查找和处理直流接地时工作人员应戴线手套，穿长袖工作服。应使用内阻大于 2000Ω/V 的高内阻电压表，工具应绝缘良好。应防止在查找和处理过程中造成新的接地。

5）在无法直接快速判别接地故障点时，应采用便携式接地故障巡测设备进行查找。

6）当拉开某一回路时，如直流接地信号消失，并且各极对地电压恢复正常（不能只靠直流接地信号消失为准），则说明接地点在该回路上。

7）对于不允许短时停电的重要直流负荷，可采用转移负荷法查找直流接地；对于不重要的直流负荷及不能转移的直流负荷，可采用拉回路法（瞬停法）查找直流接地。

（2）常用接地故障查找方法主要有以下三种：

1）借助绝缘监测装置。发电厂和变电（换流）站用直流系统的绝缘监测装置一般具有接地支路选线功能，它通过各馈线的电流互感器检测会自动显示绝缘降低的直流回路编号。在无法直接快速判别接地故障点时，应配合使用便携式接地故障巡测仪带电查找接地故障点，以便尽快消除直流接地故障。

2）转移负荷法。对于直流母线上较重要的馈电回路，若采用拉回路法（瞬停法）查找故障，则会造成直流供电设备无直流电源的情况。可将直流接地故障所在直流母线上的重要馈电回路一次轮换转移，切换到另一段直流母线上，同时监视该段直流母线上的直流接地信号是否消失以及直流电压是否恢复正常（直流接地故障是否转移到另一段母线上），从而查出直流接地是在哪一条馈电回路上。

禁止在两套直流电源系统都存在直流接地故障的情况下进行并列运行。

3）拉路法（瞬停法）。使用拉路法查找直流接地时，至少应由两人进行。断开直流回路开关的时间不得超过 3s。即使该直流回路存在接地故障点，也应先合上回路开关，再设法消除接地故障。拉路查找应遵循"先次要后重要，先户外后户内"的原则进行。一般按照事故照明、防误闭锁装置回路、户外合闸（储能）回路、户内合闸（储能）回路、信号电源、控制及保护回路、充电装置和蓄电池回路的顺序进行。

凡涉及继电保护及自动装置的直流电源回路，应尽量采用便携式接地故障巡测仪带电查找接地点。如果必须采用拉路法时，应先做好防止保护、装置误动的措施，如退出可能误动的保护、装置后再进行。

5.5.3 便携式接地巡测仪

便携式直流接地检测仪可实现无需断开发电厂和变电（换流）站用直流电源而带电查找直流带电故障，能够定位具体接地点，便于操作。便携式直流接地检测仪由传感器系统、A/D 转换器、D/A 转换器、补偿电流恒流放大器、单片机等部件组成，如图 5-8 所示。

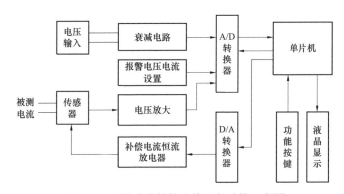

图 5-8　便携式直接接地检测仪结构示意图

便携式直流接地检测仪由信号发生器、接地手持探测器和钳表三部分组成。信号发生器通过检测回路，判别发电厂和变电（换流）站用直流系统有无接地故障及接地极性，并依据侦测方式和故障情况产生相应的接地故障电流信号。常用的三种侦测方式如下：

（1）直流差值侦测方式。信号发生系统采用周期性投切定值检测电阻方法，使接地漏电流产生相应变化。

（2）交流低频注入侦测方式。信号发生系统能在直流系统发生直流接地时，通过电容耦合或光电隔离等方式，在直流母线与大地之间注入小幅值的低频交变激励信号，以便侦测接地电流信号。

（3）交流低频变桥侦测方式。信号发生系统能在直流系统发生直流接地时，通过投切交变检测电阻方法，产生小幅值的低频交变激励信号，以便侦测接地电流信号。

在应用便携式直流接地检测仪进行检测时，将钳表钳在支路的始端。如果探测器显示结果为"非接地"，可继续查找其他馈线；如显示结果为"接地"，再寻找该馈线以下的各个分支路，逐段查找，直到定位接地点。注意，当大于 200kΩ 的高阻接地时，便携式直流接地检测仪因为自身的设计缺陷，定位接地故障存在一定的困难。

5.6 直流断路器动作特性测试

5.6.1 直流断路器动作特性测试项目

发电厂和变电（换流）站用直流系统装设的直流断路器在新安装或运行一段时间后，为了评估其保护动作特性，避免拒动或误动的发生，需要在现场开展动作特性测试。基本的测试项目如下：

（1）过载保护动作时间的测定。在直流断路器过载电流范围内进行动作时间的测定和反时限动作（对数）曲线的描绘。

（2）短路（瞬动）保护动作时间测试。在规定的时间常数和直流断路器瞬时动作电流倍数的范围内，进行直流断路器短路脱扣器瞬时动作时间的测定和动作（时间–电流）特性曲线图的描绘。

（3）定时限可返回时间的测试。按设定的时间自动切断试验电流，进行定时限直流断路器可返回时间（不脱扣持续时间）的测定和动作（对数）曲线的描绘。

（4）级差配合的验证。对现场安装完成的直流回路进行两级及以上级差配合验证的能力和功能。

5.6.2　直流断路器动作特性测试系统

针对微型或小型塑壳直流断路器的现场测试，使用便携式或移动式测试设备开展测试是十分方便的。同时，在现场测试中，测试项目应更偏向于功能性验证，而非产品的型式试验。因此，在中国，现场运维人员采用直流断路器动作测试系统进行测试。该系统一般是通过使用数字式存储示波器，并按相关技术标准进行单个直流断路器的动作时间测试和判断，也具有对直流回路中安装的各级直流断路器间的级差配合进行验证的功能。并且，在试验过程能随时查看被测试直流断路器的动作（时间–电流）特性曲线图。该系统的基本功能介绍如下：

（1）保护与控制功能。输入缺相、过热保护、测试回路开路保护、限流和限时保护，以及人为中断、暂停与恢复动作特性测试和级差配合验证等。

（2）时间常数调节的功能。调节范围一般在 2～5ms。

（3）显示功能。每步操作均有提示及确认，同步显示动作电流波形和幅值，可移动光标线显示动作时间值等。

（4）记录与报表功能：测试数据和动作波形进行储存、分析与管理、数据查询等。

5.7　充电装置特性测试

5.7.1　充电装置特性测试项目

除了对充电装置进行日常的除尘和常规检查外，还应注意其在长时间使用后的特性参数变化情况。根据充电装置的类型不同，对其参数特性有不同的要求。充电装置特性测试项目主要包括充电装置的精度、纹波因数、效率、噪声和均流不平衡度等。在中国，这些特性参数有不同的运行控制值，详见表 5–1。

表5-1 　　　　　　　　充电装置的参数表

充电装置名称	稳流精度（%）	稳压精度（%）	纹波因数（%）	效率（%）	噪声 dB（A）	均流不平衡度（%）
磁放大型充电装置	≤±5	≤±2	≤2	≥70	≤60	—
相控型充电装置	≤±2	≤±1	≤1	≥80	≤55	—
高频开关电源型充电装置	≤±1	≤±0.5	≤0.5	≥90	≤55	≤±5

5.7.2　充电装置特性测试系统

充电装置特性测试系统一般由便携式计算机、测控负载、程控调压器和数字存储示波器等构成，运用计算机测控、数字信号处理器（DSP）、可编程控制器（FPGA）和电力电子等技术实现了发电厂和变电（换流）站用直流系统充电装置的稳流精度、稳压精度、纹波系数、浮充限流、均充限压以及效率等特性参数的高精度自动测试，具备自动调节、测试、报告打印和数据管理等功能。充电装置特性测试系统的设备接线如图 5-9 所示，其中装有数字存储示波器的测控负载如图 5-10 所示，装有交流参数监测器的程控调压器如图 5-11 所示。

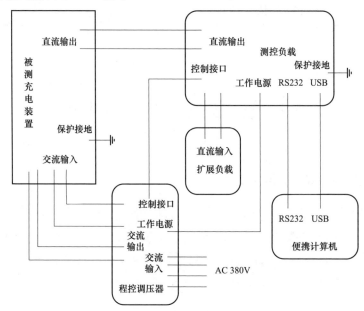

图 5-9　充电装置特性测试系统的设备接线图

图 5-10 装有数字存储示波器的
测控负载

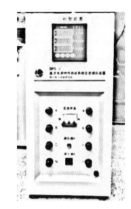

图 5-11 装有交流参数监测器的
程控调压器

5.8 设备的年度检查要点

5.8.1 直流柜的检查

在年度检查时，直流柜的检查项目如下：

（1）手动将充电装置由浮充电状态转换成均衡充电工作状态，观察充电电压值是否符合均衡充电电压值，检查监控单元均衡充电和浮充电的转换功能。

（2）监控单元和绝缘监察装置的整定值检查。根据定值单逐项核对监控单元和绝缘监察装置的定值整定与定值单是否一致。

（3）直流柜指示表计、监控单元和绝缘监察装置等电压、电流显示值核对与检查。各装置显示值与现场测量值是否一致，各装置时钟显示是否正常。

（4）发电厂和变电（换流）站用直流系统主接线和直流馈线网络检查。要求现场的接线及直流馈线网络图实相符、标识正确。

（5）馈线保护电器投退状态检查。馈线保护电器投退状态与保护电器投退表相关要求相符，且不存在网络合环现象。

107

（6）各级保护电器的级差配合检查，即各级保护电器符合级差配置要求。

除年度检查外，还应定期进行直流设备的检测与试验，主要包含充电装置交流进线的切换装置自动切换试验、充电装置监测（稳压精度与纹波系数、稳流精度、并机均流等）、绝缘监测装置监测、蓄电池监测装置或管理单元的检测等。

5.8.2　蓄电池组的检查

由于对蓄电池的运行要求非常严格，在偏离了正确的使用条件下运行将对蓄电池会造成严重的损害，所以对发电厂和变电（换流）站用直流系统中蓄电池的运行维护显得尤为重要。蓄电池组的检查项目如下：

（1）蓄电池壳体检查。观察蓄电池壳体表面应光滑，无破损、漏液、明显变形突起膨胀和烧坏迹象。

（2）蓄电池极柱检查。观察蓄电池极柱表面应光滑无破损、无锈蚀物，极柱封口无明显变形突起膨胀，极柱和连接导体无热损坏或熔融迹象。

（3）蓄电池导轨和电池架检查。观察蓄电池导轨、电池架无机械变形、锈蚀迹象。

（4）蓄电池间的连接导体紧固程度检查。用做好绝缘措施的扳手并选择厂家要求的力矩对连接导体进行紧固。

（5）蓄电池内阻和电压检查。用同一仪器并按照仪器使用方法对每只蓄电池进行内阻和电压测试，做好数据记录，并与原始数据进行比较分析。

（6）每隔 2～3 年进行 1 次全容量核对性放电试验，运行 4 年以上的阀控密封铅酸蓄电池建议每年进行 1 次全容量核对性放电试验。

（7）对出现的个别落后电池可采用单只活化的方法恢复容量。

5.9　设备的日常巡视要点

设备的日常巡视要求如下：

（1）专用蓄电池室应有良好的通风和照明设施。为避免阳光直射蓄电池，蓄电池室的窗户应采取遮光措施。

（2）蓄电池组安装处的环境温度宜保持在 25℃左右，温度变化范围不应超过 15～30℃。

（3）蓄电池应外观清洁，外壳无裂纹、漏液，密封良好。阀控电池的安全阀无堵塞，极柱与安全阀周围无酸雾逸出。

（4）蓄电池端子无生盐，并涂有中性凡士林。

（5）蓄电池组的端电压、浮充电流和直流母线电压正常。

（6）发电厂和变电（换流）站用直流系统绝缘状况良好，无直流接地或其他告警。

（7）监控单元、指示仪表、蓄电池监测装置、管理单元及辅助元器件（如接触器、继电器等）等工作正常，无告警信号，无异味异响。

（8）发电厂和变电（换流）站用直流设备标识清晰，无脱落。

（9）在浮充电状态下，对单体蓄电池电压、电解液密度（如有）和温度（如有）进行测量并做好记录。

6

可靠性分析

6.1 蓄电池和充电装置组
对系统可靠性的影响

6.1.1 蓄电池容量的选择

设计直流系统时，蓄电池容量的选取需要根据具体工程的规模、预期负荷的容量、蓄电池的类型、运行方式以及相应的标准来进行。蓄电池容量具体计算方法在 IEEE 485 标准和 IEEE 946 等标准里有详细的阐述。不过，依据调研，由于不同国家或地区在负荷的统计方式、事故负荷的供电时间、产品的制造水平等方面存在差异，同时还受运行维护水平以及检测手段的影响，即使是同样的工程规模，蓄电池的配置方案也会呈现出一定的地域差异。

对蓄电池组的容量选择影响较大的因素主要是供电负荷和供电时间。关于供电负荷的统计详见 3.2.3 节，事故供电时间的确定参见 3.2.4 节。供电负荷大小和供电时间的长短受制于蓄电池实际能够放出的容量。我们知道，蓄电池实际放出的容量与放电电流、终止电压、电解液温度密切相关。所以蓄电池容量的选择还需要设计人员综合考虑该类型蓄电池在现有工程应用中的历史应用情况、拟应用工程的实际运行环境和运维水平等因素。

电力工程用蓄电池组的容量需要满足事故处理、运行恢复的需要。大容量的蓄电池组在给定负荷的情况下在事故期间可以提供更长的时间，能确保满足比较充裕的事故恢复时间。但过大的容量会给蓄电池组的运行和维护带来相应的困难，其工作电流和短路电流必然增加，对充电装置的限流功能以及保护电器的短路开断能力、级差配合等都会提出更高的要求，并会影响到发电厂和变电（换流）站用直流系统的经济性和可靠性。

6.1.2 充电装置的交流进线

为了减少充电装置因交流输入电源中断而影响发电厂和变电（换流）站用直流系统的供电的情况，通常引入两路交流电源，并通过交流接触器或 ATSE 实现两路电源自动转换。而交流接触器的电磁动作线圈自保持工作电压一般不能低于 70%额定电压。当交流低压系统出现电压扰动时，非常容易使交流接触器脱扣，造成交流中断。

在充电装置交流输入电源的接入上，需要避免选择交流进线断路器带有欠压脱扣装置的母线段。在设计时把需要欠压脱扣保护的负荷与其他负荷分别接至不同的交流母线段，或通过设置欠压脱扣延时保护躲避短时电压跌落造成的充电装置交流电源消失。

为减少交流进线低压脱扣的影响，可以将充电装置两路交流输入电源由就地接触器转换改为只将一路交流输入电源接至有后备电源的交流母线段，由交流工作母线完成备用电源的切换。当然这要与交流母线工作方式的设计相匹配。

6.2　系统保护电器的配置和级差配合的分析

6.2.1　级差配合分析

直流系统的保护电器的选择应能满足级差配合的选择性要求，实现上级断路器不误动，即不发生越级跳闸，不造成事故扩散。由于不同生产厂家或不同系列的产品存在性能差异，在混合使用时有可能产生动作非选择性配合，因此在选用直流保护电器时应尽量采用同品牌的同一系列产品。

直流断路器和熔断器是发电厂和变电（换流）站用直流系统的主要保护电器。熔断器的保护动作特性为全反时限的，包含了瞬动段和长延时段。瞬动段的动作时间通常在几个毫秒到十几个毫秒之间，长延时时间从几秒、几分到几小时。不同额定电流的熔断体的熔断热容量不同，在相同电流下额定电流小的熔断体熔断时间短，所以上下级熔断器的选择性配合是靠熔断体熔断的时间长短来实现的。低压直流断路器根据保护动作电流和时间分为二段式保护或三段式保护。二段式低压直流断路器具有短路瞬时保护和过载长延时保护的功能，三段式低压直流断路器具有短路瞬时保护、过载长延时保护和短路短延时保护的功能。

直流网络一般采用集中辐射型供电方式或分层辐射型供电方式。典型的分层辐射型供电方式的直流系统图如图 6–1 所示。对于上下级均为两段式的断路器，要实现选择性保护，需要满足一个充分条件，即下级断路器负载端短路电流值 I 应大于本级断路器的瞬时脱扣器动作值，并能满足相应的灵敏系数（不宜低于 1.05），同时应小于上一级断路器瞬时脱扣器动作下限值。当 I 值介于上级断路器短路瞬时脱扣器动作的下限值和上限值之间时，则有可能越级跳闸；当 I 值大于等于上级断路器短路瞬时脱扣器动作上限值时，则会发生越级跳闸。

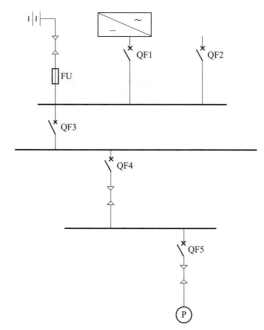

图 6–1　辐射型供电方式的直流系统

两段式断路器动作曲线分析如图 6–2 所示。其动作特性为：当回路电流落在① 区域中时，断路器的过载长延时脱扣器动作；当回路中的电流值在② 区域中时，断路器可能瞬时脱扣器动作，也可能过载长延时动作；当电流值在③ 区域中时，短路瞬时脱扣器动作。

以图 6–1 所示的直流系统图中的短路器 QF5、QF4 的级差配合为例，分电屏馈出断路器处短路电流 I 值处于图 6–3 中的 ① 区域中时，QF5 过载长延时动作；当短路电流处于 ② 区域中时，QF5 发生过载长延时或短路瞬时脱扣器动作；当短路电流处于 ③ 区域中时，QF5 短路瞬时脱扣器动作。以上三种情况下，QF4 均不动作，不会发生越级跳闸。当分电屏馈出断路器处短路电流 I 值处于 ④ 区域中时，由于在此区域内 QF4 处于不确定区域，可能发生过载长延时动作或短路瞬时脱扣器动作。当 QF4 发生短路瞬时脱扣器动作时，将发生越级动作，QF4、QF5 都将发生瞬时脱扣器动作。因此在区域 ④ 时，可能发生越级跳闸。当 I 值位于 ⑤ 区域时，QF4 的短路瞬时脱扣器将动作，此时 QF4、QF5 都发生瞬时脱扣器动作，即一定会发生越级跳闸。

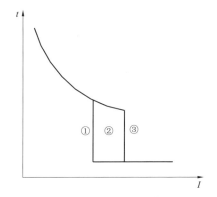

图 6–2　两段式断路器动作曲线分析图　　图 6–3　断路器 QF4、QF5 级差配合图

　　除上述下级回路中短路电流值低于上级断路器的瞬动值的情况外，还有一种情况也可在下级回路中短路电流值大于上级断路器的瞬动值时能够实现断路器间的级差配合，即下级断路器在上级断路器可返回时间内先于上级分断。实现此目的的途径有两个：① 上下级断路器的存在动作时间差，即上级选用具有短路短延时保护特性的直流断路器，上级断路器通过瞬动延时实现级差配合；② 降低回路的短路电流值，即下级断路器选用限流型小定值的直流断路器来降低回路短路电流值。

6.2.2　级差配合的原则

　　在中国，依据十多年来的电力系统的运行和事故分析经验，在电力工

程发电厂和变电（换流）站用直流系统的设计中形成了对保护电器的选择性配合原则，即：

（1）熔断器装设在直流断路器上一级时，熔断器额定电流应为直流断路器额定电流的 2 倍以上。

（2）各级直流馈线断路器宜选用具有瞬时保护和反时限过电流保护的（二段式）直流断路器。当不能满足上下级保护配合要求时，可选用带短路短延时保护特性的（三段式）直流断路器。

（3）充电装置直流侧出口宜按照直流馈线选用直流断路器，以便实现与蓄电池出口保护电器的选择性配合。

（4）两台机组之间 220V 发电厂和变电（换流）站用直流系统应急联络断路器应与相应的蓄电池组出口保护电器实现选择性配合。

（5）采用分层辐射型供电时，直流柜至分电柜的馈线断路器宜选用具有短路短延时保护特性的直流塑壳断路器，分电柜直流馈线宜选用直流微型断路器。

（6）各级直流断路器的配合以及采用电流比表述，宜符合表 6-1、表 6-2 的规定。

直流系统的集中辐射型供电方式和分层辐射型供电方式的系统图分别如图 6-4 和图 6-5 所示。

表 6-1　　集中辐射型系统保护电器选择性配合表（标准型）

L2 电缆电压降	$\Delta U_{P2}=3\%U_n$（110V 系统） $\Delta U_{P2}=2\%U_n$（220V 系统）			$\Delta U_{P2}=5\%U_n$（110V 系统） $\Delta U_{P2}=4\%U_n$（220V 系统）		
下级断路器 QF2/QF3 电流比	2A	4A	6A	2A	4A	6A
110V 系统 200～1000Ah	10（20A）	7（32A）	6.5（40A）	8（16A）	5（20A）	5（32A）
220V 系统 200～2400Ah	17（40A）	12（50A）	10.5（63A）	12（25A）	7（32A）	6（40A）

注　1. 蓄电池组出口电缆 L1 计算电流为 1.05 倍蓄电池 1h 放电率电流（$5.5I_{10}$）。

　　2. 电缆 L2 计算电流为 10A。

　　3. 断路器 QF2 采用标准型 C 型脱扣器直流断路器，瞬时脱口范围为 $7I_n$～$15I_n$。

　　4. 断路器 QF3 采用标准型 B 型脱扣器直流断路器，瞬时脱口范围为 $4I_n$～$7I_n$。

　　5. 断路器 QF2 应根据蓄电池组容量选择微型断路器或塑壳断路器，直流断路器分断能力应大于断路器出口短路电流。

　　6. 括号内数值为根据 QF2/QF3 电流比，推荐选择的 QF2 额定电流。

表 6–2 分层辐射型系统保护电器选择性配合表（标准型）

L2、L3 电缆电压降	$\Delta U_{P2}=3\%U_n$（110V 系统） $\Delta U_{P3}=1\%U_n$（220V 系统）			$\Delta U_{P2}=5\%U_n$（110V 系统） $\Delta U_{P3}=1.5\%U_n$（220V 系统）		
下级断路器 QF3/QF4 电流比	2A	4A	6A	2A	4A	6A
110V 系统 200～1000Ah	12（25A）	10（40A）	10（注6）	11（25A）	8（32A）	8（注6）
220V 系统 200～1600Ah	19（40A）	14（注6）	13（注6）	16（32A）	10（40A）	9（注6）

注 1. 蓄电池组出口电缆 L1 计算电流为 1.05 倍蓄电池 1h 放电率电流（$5.5I_{10}$）。

2. 电缆 L2 计算电流：110V 系统为 80A，220V 系统为 64A，电缆 L3 计算电流为 10A。

3. 断路器 QF3 采用标准型 C 型脱扣器直流断路器，瞬时脱口范围为 $7I_n$～$15I_n$。

4. 断路器 QF4 采用标准型 B 型脱扣器直流断路器，瞬时脱口范围为 $4I_n$～$7I_n$。

5. 断路器 QF2 为具有短路短延时保护特性的直流断路器，短延时脱扣值为 $10\times（1\pm20\%）I_n$。

6. 根据电流比选择的 QF3 断路器额定电流不应大于 40A，当额定电流大于 40A 时，QF3 断路器应选择具有短路短延时保护特性的微型直流断路器。

7. 括号内数值为根据上下级断路器电流比，推荐选择的上级断路器的额定电流。

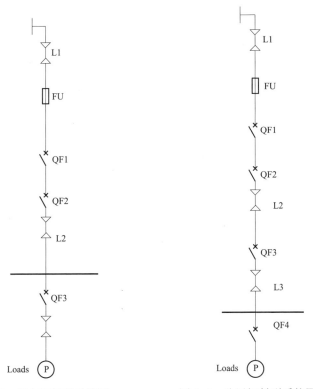

图 6–4 集中辐射型系统图　　图 6–5 分层辐射型系统图

6.2.3 蓄电池出口保护

蓄电池出口回路大多采用熔断器，当然也有采用具有选择性保护的直流断路器的。发电厂和变电（换流）站用直流系统蓄电池出口保护电器选择性配合表见表6-3。

表6-3 发电厂和变电（换流）站用直流系统蓄电池出口保护电器选择性配合表

蓄电池容量范围（Ah）		200	300	400	500	600	800	900
短路电流 ($\Delta U_{p1}=0.5\% U_n$)（kA）		2.74	4.08	5.38	6.66	8.16	10.76	12.07
熔断器	额定电流（A）	125～400			224～500		500	500
断路器	额定电流（A）	125～400			224～500		500	500
	短时耐受电流（kA）	≥3.00	≥4.50	≥5.50	≥7.00	≥8.50	≥11.00	≥12.50
蓄电池容量范围（Ah）		1000	1200	1500	1600	1800	2000	2400
短路电流 ($\Delta U_{p1}=0.5\% U_n$)（kA）		13.33	16.31	20.00	21.49	24.48	27.29	32.31
熔断器	额定电流（A）	630	700	1000	1000	1000	1250	1400
断路器	额定电流（A）	630	700	1000	1000	1000	1250	1400
	短时耐受电流（kA）	≥13.50	≥16.50	≥20.00	≥21.50	≥25.00	≥27.50	≥32.50

注 1. 蓄电池出口保护电器的额定电流按不小于 $5.5I_{10}$ 或按照直流柜母线最大一台馈线断路器额定电流的2倍选择，两者取大值。

2. 当蓄电池出口保护电器选用断路器时，应选择仅有过载保护和短延时保护脱扣器的断路器，与下级断路器按延时时间配合，其短时耐受电流不应小于表中数值，短时耐受电流的时间应大于断路器短延时保护时间加断路器全分闸时间。

熔断器存在更换熔丝的麻烦，以及熔丝是否正常不易检测等问题，但由于熔断器具有简单、经济以及与下一级保护比较好配合的特点，且具有明显的断口便于检修和维护，因此目前蓄电池出口回路仍普遍采用熔断器作为保护电器。蓄电池出口处的熔断器，因其额定电流较大，动作特性不易改变，受电后甚少操作，多年来运行情况良好。

6.2.4 电缆保护

除上下级保护电器之间的级差配合外，直流系统还存在一个不容忽视的问题，即：为了实现保护电器的选择性配合，上一级的断路器等保护电器的额定电流规格会提高，但这将可能导致断路器规格和导线截面积的不匹配，即过载保护无法实现选择性。如一个馈线屏回路中工作电流为 10A，选用 4mm² 的电缆，最大允许通过电流为 29A，由于和下一级的断路器实现选择性保护，馈线屏的断路器选择额定电流为 63A，这样此断路器将无法保护此段电缆。因此在校验保护电器的级差配合时，应同时校验保护电器对本级电缆的保护作用。

6.2.5 案例分析

2014 年初，某在建燃机电厂出现燃机岛内直流分电屏馈线断路器与负荷端进线开关直流级差不匹配的问题。直流分电屏的负荷主要为热工控制系统等的控制电源，负荷端均装有设备厂家配置的控制电源进线断路器，但该类断路器并未根据额定电流选用，而是选择了容量大很多的断路器。由于设备厂家未与低压直流系统设计单位及时沟通控制电源进线断路器型号的选择，导致直流分电屏中的馈线断路器与负荷端的进线断路器不匹配，未实现级差配合，不能满足选择性保护的要求。燃机岛的 110V 直流分电屏系统简图如图 6-6 所示。

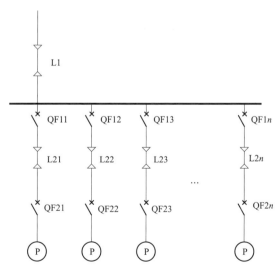

图 6-6　某燃机电厂燃机岛 110V 直流分电屏系统图

6.3 直流断路器的应用对系统可靠性的影响

6.3.1 交、直流断路器的差异

　　直流断路器与交流断路器的触头导流方式和长期承载电流的性能并无差别，但两者之间的灭弧原理却存在较大差异。交流电的每个周期都有自然过零点，在过零点时容易熄弧；而直流电没有过零点，故电弧难以熄灭。交流系统灭弧容易，直流系统灭弧比较困难，因此直流断路器与交流断路器在结构和性能上有很大区别。交流断路器的灭弧方式主要是通过金属格栅。而微型直流断路器一般会在交流微型断路器的基础上增加磁吹装置，用以保证直流电弧的迅速灭弧。

　　直流断路器的灭弧过程：直流断路器触头开断电流时会在断口形成电弧，电弧不但阻碍触头快速开断而形成有效的绝缘断口，还会烧蚀触头。在电弧区有大量的带电粒子，同时存在游离与去游离。电弧是触头分离时强电场产生的带电粒子形成的炽热离子流，强电场和高热同时又加剧了中性分子（绝缘气体）的电离，即游离。断口恢复电压越高，电弧的电流越大，而且温度越高，电弧的游离作用就越强，就越不利于电弧熄灭。去游离是带电粒子向密度小和温度低的扩散并重新复合成中性分子，使带电粒子浓度降低，电弧电阻增大和电流减小，从而削弱游离。去游离作用有利于电弧的熄灭，所以要熄灭电弧，就要抑制游离作用和加强去游离作用。将电弧拉入窄缝并增加动触头与栅片之间的距离等，是为了拉长电弧并缩小电弧直径，加强电弧的扩散和冷却，促使离子和电子复合。当去游离作用大于游离作用时，电弧难以维持就能熄灭。

　　由于直流断路器增加了磁吹装置，因此在安装接线时要特别注意直流断路器的接入极性。如果进出接线极性接反，将导致磁吹装置将直流电弧拉向金属格栅的反方向，造成断路器不能有效开断。

交流断路器应用于直流回路中存在性能下降的问题。由于交流电流存在电流过零点而电弧容易熄灭，所以交流断路器灭弧的工作原理不同，动静触头之间的开距小。交流断路器的短路整定电流与其用于直流回路不同，直流瞬动电流是交流瞬动电流的 1.4～2 倍，即同样的交流动作电流值用在直流回路时断路器不能动作。双极型直流断路器单极能开断 250V 直流电压，如双极断路器用在 250V 直流回路时，即使一极出现故障，其另一极也能可靠工作，而一般单极交流断路器是不可能用于高于 60V 的直流回路的。另外，采用电子脱扣器的交流断路器无法保证能在稳定直流的条件下可靠动作，更不能期待其会对瞬态直流电流的变化产生反应。而直流断路器的电子脱扣器是专门设计成接收直流信号的，配置有特殊的传感器以用来测量直流电流。所以为了提高直流回路的安全可靠性，不建议采用电子脱扣的交流断路器。

在中国，在 IEC 60898-1（GB 10963.1《电气附件——家用及类似场所用过电流保护断路器　第 1 部分：用于交流的断路器》）及 IEC 60898-2（GB 10963.2《家用及类似场所用过电流保护断路器　第 2 部分：用于交流和直流的断路器》）标准的基础上，新编制了 GB 10963.3—2016 标准《家用及类似场所用过电流保护断路器　第 3 部分：用于直流的断路器》，规定了使用于在直流电路中运行的单极和二极断路器的技术要求。目前，使用在交流电路中的断路器应满足 GB 10963.1 的要求，使用在直流电路中的断路器应满足 GB 10963.3 的要求，使用在交、直流两用回路电路中（如变电站事故照明回路）的断路器应满足 GB 10963.2 的要求。

6.3.2　微型直流断路器的标准

电力工程发电厂和变电（换流）站用直流系统中采用了大量的微型直流断路器，但现行标准仅有 IEC 60898-2：2003（GB 10963.2—2008）《家用及类似场所用过电流保护断路器　第 2 部分：用于交流和直流的断路器》，所以尚缺乏工业用或电力系统用的产品标准。

6.4　直流接地故障

6.4.1　接地故障产生的原因

发电厂和变电（换流）站用直流系统作为主要电气设备的控制、保护和操作电源，是一个十分庞大的多分支供电网络，所接设备多，回路复杂。系统接地是低压直流系统最常见的故障。造成低压直流系统接地的原因很多，归纳起来主要有以下几种：

（1）设备绝缘老化、破损，出现接地现象。

（2）因施工工艺不严格，如：电缆敷设穿管或剥线时外绝缘层遭到破坏；在室外气候的影响下进水受潮，绝缘极易受损引发直流接地；线头接触柜体，接线松动脱落而引起接地。

（3）材料或元器件质量不达标引起接地，如电子设备为了抗干扰，在插件电路设计中通常在正负极和地之间并联抗干扰电容，该电容击穿时引起直流接地。

（4）运维不当引起接地，如：在带电二次回路上工作时将发电厂和变电（换流）站用直流误碰设备外壳，此种情况多为瞬间接地；检修人员清扫设备时不慎将直流回路喷上水等。

（5）由小动物破坏引起的接地，如：蜜蜂钻进二次接线盒筑巢，将接线端子和外壳连接引发直流接地；电缆外皮被老鼠咬破时，也容易引起直流接地。

除了以上接地原因外，交流窜入发电厂和变电（换流）站用直流系统也是引起系统接地的原因之一。发电厂和变电（换流）站用直流系统通过绝缘监察装置的桥电阻 $R+$、$R-$接地，如图 6-7 所示。正常时直流系统（系统正、负极对地除 $R+$、$R-$外为无穷大）$R+$、$R-$阻值一般取值较大，基值为 $80\sim100\text{k}\Omega$。整个发电厂和变电（换流）站直流系统正、负极对地及正负之间存在很大的绝缘阻抗，其值随站内直流系统绝缘状态的变化而变化。当绝缘状况良好时直流回路中的直流量一般不会受到影响。但是当交流量进入直流回路中时，在直流回路中基本不起作用的分布电容、杂散电容会代替绝缘电阻形成能够使交流量流过的回路，尤其是当某些直流电缆长度较长时，电缆的对地电容越大，则出口继电器误动需要的交流电压越低。

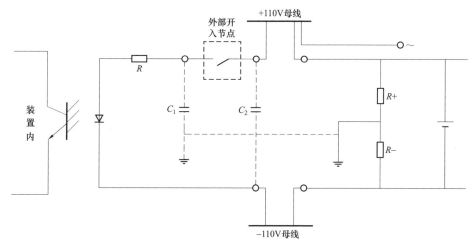

图 6-7　交流窜入直流系统示意图（图中 C_1、C_2 是电缆分布电容）

6.4.2　交流窜入

交流窜入主要是指发电厂和变电（换流）站用交流电源或电压互感器二次回路等高于 10V 电压的相线与发电厂和变电（换流）站用直流系统母线连接到了一起（见图 6-8），使直流系统正负极对地电压中存在交流电压（如 50Hz）。

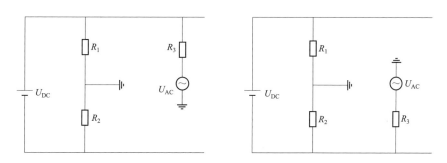

图 6-8　交流窜入直流系统接地故障

123

由于发电厂和变电（换流）站用交流电源与电压互感器中性线一般都接入变电站地网，相线交流电压窜入到发电厂和变电（换流）站用直流系统导致发电厂和变电（换流）站用直流系统出现接地故障，所以交流窜入也是一种直流接地故障。

以交流窜入正极为例（见图 6–9），220V 交流电压源 U_{AC} 通过电阻 R_3（取值 1kΩ）接入 220V 发电厂和变电（换流）站用直流系统 U_{DC} 正极母线与地电位之间，发电厂和变电（换流）站用直流系统通过绝缘监测装置的平衡桥电阻 R_1、R_2（均为 25kΩ），控制节点 CKJ 到跳闸继电器 J 连接电缆对地电容 C（取值 0.13μF）。

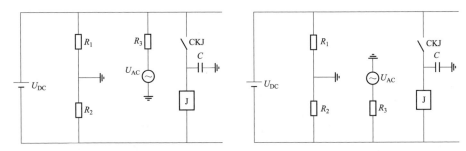

图 6–9　交流窜入发电厂和变电（换流）站用直流系统正、负极母线

通过数字记忆示波器采集到的继电器 J 两端最高电压值为 178V。由于继电器 J 的可靠动作电压要求为 50%～70% 母线电压值，即 70%×220V=154V＜178V，所以继电器 J 将发生误动。同理，交流窜入负极，采集到的继电器 J 两端最高电压值为 192V，继电器 J 也将发生误动。

因此，当交流电源窜入发电厂和变电（换流）站用直流系统母线且继电器的连接电缆对地电容在 0.13μF 以上时，继电器两端的电压将达到其动作电压值，继电器动作线圈的功率即使大于 5W 的情况下仍将误动。

6.4.3　直流互串

变电站双套发电厂和变电（换流）站用直流系统的直流母线正常时，均采用母线分段运行方式。在系统需要时，也可合上两段直流母线间的联络开关而成为并列运行方式，即Ⅰ段母线的正、负极分别与Ⅱ段母线的正、负极对应相连。而直流系统互窜是指一段直流母线的一极与另一段直流母线的一极出现非正常连接，同时两段直流母线的剩余一极并不相连的情况。典型直流互窜有共正（负）极和异极相连两种情况。

据调查分析，产生发电厂和变电（换流）站用直流系统直流互窜的原因主要有三方面：① 在新建、扩建或技术改造的施工过程中将负荷的电源线分别接入到了两段直流母线；② 在倒负荷操作时，将某些负荷从一段母线转移到另一段母线后，未将其原来的一路空气开关断开，致使两套发电厂和变电（换流）站用直流系统并列运行；③ 电缆芯线间的绝缘性能下降或受外力破坏等因素，造成同一根电缆中有两套发电厂和变电（换流）站用直流系统的供电回路相连。

直流互窜会造成发电厂和变电（换流）站两段直流母线的正、负极对地电压及其绝缘状况发生变化。共正（负）极互窜并不会引起绝缘良好的发电厂和变电（换流）站用直流系统出现电压偏移，不平衡桥电阻的投入使得电压出现波动，互窜电路等值电阻越大，则电压波动越明显。异极互窜将直接引起绝缘良好的发电厂和变电（换流）站用直流系统出现电压偏移，互窜电路等值电阻越小，电压偏移越大。若在直流互窜时再出现接地故障，必将给发电厂和变电（换流）站用直流系统带来巨大的安全问题。

因此，双套发电厂和变电（换流）站用直流系统的两段直流母线绝缘监测宜采用具备交互信息、协调控制功能的两台绝缘监测装置，能够在系统出现直流互窜时实现告警并避免投切不平衡桥电阻，从而减少电压波动。

6.4.4 接地故障的危害

作为不接地的发电厂和变电（换流）站用直流系统，当直流母线正极或负极对地绝缘电阻降低到阈值时，称为直流接地。在不同的国家和地区，该阈值或不同，本节中引用值：220V 系统为 25kΩ，110V 系统为 15kΩ。

直流接地按接地极性分为正接地和负接地，接地的情况有单点接地、多点接地、交/直流互窜和系统整体绝缘降低，最常见的直流接地是一点接地故障。发电厂和变电（换流）站用直流系统采用不接地运行方式，当发生一点接地时，由于没有短路电流流过，熔断器不会熔断，仍能继续运行，虽不会引起危害，但必须及时处理，否则，当发生另一点接地时，便可能构成接地短路，有可能使设备发生误动、拒动，甚至损坏设备，造成大面积停电、系统瓦解的严重后果。

如图 6-10 所示，由于断路器跳闸线圈均接负极电源，在一点接地的情况下，如另一点再发生正或负接地，都可能导致断路器误跳闸或拒跳闸。当图中的 A 点和 B 点同时接地时，相当于 A、B 两点通过大地连起来，中间继电器 KM 必然动作而造成断路器的跳闸。同理，当图中的 A 点和 C 点同时接地时，或图中的 A、D 两点同时接地时，均可能造成断路器的跳闸。当图中的 B 点和 E 点同时接地，将中间继电器 KM 短接，此时如果系统发生事故，保护动作，KM 不动作，断路器拒动，将会使事故越级扩大。

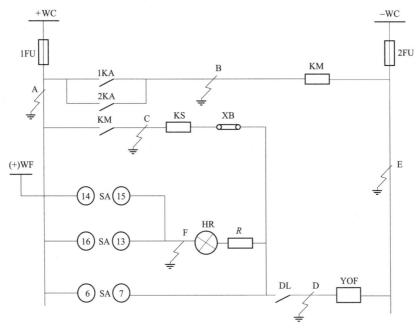

图 6-10　直流系统接地

6.4.5　母线接地故障的检测方法

绝缘在线监测装置一般采用母线接地检测和支路接地侦测相结合的方式。母线接地检测主要有平衡电桥法和不平衡电桥法两种检测方法，通过电桥来反映正负母线对地电压的失衡，体现出母线的对地绝缘状态。支路接地侦测的方法见 6.7.6 节相关内容。

目前，在电力系统中广泛应用的微机型绝缘监测装置的工作原理如图 6-11 所示。该装置主要由平衡桥检测电阻 R、不平衡桥检测电阻 R_s、计算电路模块、通信电路模块等构成。图中 R_z 为发电厂和变电（换流）站用直流系统正极对地绝缘电阻，R_f 为发电厂和变电（换流）站用直流系统负极对地绝缘电阻。

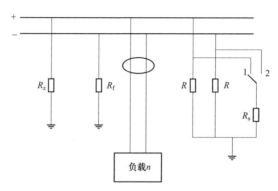

图 6-11　微机型绝缘监测装置原理图

1. 检测桥工作方式

绝缘监测装置分别处于平衡桥或不平衡桥的工作方式。在平衡桥工作方式下，不平衡桥电阻 R_s 不投入，平衡桥电阻 R 运行。而不平衡桥工作方式是通过手动或定期自动投入不平衡桥实现的，主要是为了检测平衡桥工作方式下无法发现的正、负两极绝缘等值接地故障。由不平衡桥工作方式下的正、负极对地电压可以计算出正、负极对地绝缘电阻值。

正常运行中，应以平衡桥工作方式为主，不平衡桥工作方式为辅。不平衡桥工作方式每日检测的次数和时间应可设置，宜设为每日一次。

2. 桥电阻对系统母线电压的影响

（1）平衡桥电阻引起的母线电压偏移。由平衡桥方程可推出随平衡桥电阻值和对地绝缘电阻值变化的母线电压偏移值 U_M

$$U_M = \left| 110 - U_{DC1} \cdot \frac{RR_{z1} + R_{z1}R_{f1}}{R(R_{z1} + R_{f1}) + 2R_{z1}R_{f1}} \right| \qquad (6-1)$$

式中　U_{DC1} ——蓄电池组电压；

R——平衡桥电阻，发电厂和变电（换流）站用直流系统正、负极对地绝缘电阻分别为 R_{z1} 和 R_{f1}。

在母线电压＝220V，负极对地绝缘电阻 $R_{f1}=\infty$，平衡桥电阻 R 从 10～100kΩ，正极对地绝缘电阻 R_{z1} 在 1～1000kΩ 范围内变化时，母线电压的波动数据见表 6-4，母线电压变化如图 6-12 所示。

表 6-4　　　母线电压随平衡桥电阻值和对地绝缘电阻值的变化
（R_{z1} 在 1k～100kΩ 的部分数据）

R \ R_{z1}	1	10	20	30	40	50	60	70	80	90	100
10	91.5	33.69	20.48	14.63	11.32	9.20	7.72	6.63	5.80	5.13	4.60
12	94.11	38.04	23.66	17.07	13.29	10.84	9.12	7.85	6.87	6.09	5.46
14	96.07	41.91	26.60	19.38	15.17	12.42	10.48	9.03	7.92	7.03	6.31
16	97.59	45.37	29.35	21.57	16.98	13.94	11.79	10.19	8.94	7.95	7.14
18	98.81	48.49	31.90	23.65	18.71	15.42	13.07	11.31	9.94	8.85	7.95
20	99.81	51.31	34.30	25.62	20.37	16.84	14.31	12.40	10.91	9.72	8.75
25	101.66	57.30	39.65	30.16	24.24	20.19	17.25	15.01	13.26	11.84	10.67
30	102.93	62.14	44.25	34.20	27.76	23.28	19.99	17.46	15.47	13.85	12.51
40	104.56	69.48	51.76	41.07	33.91	28.79	24.94	21.94	19.54	17.58	15.94
50	105.56	74.78	57.63	46.69	39.11	33.55	29.30	25.94	23.22	20.97	19.08
60	106.24	78.78	62.34	51.39	43.57	37.71	33.16	29.52	26.54	24.06	21.96
70	106.73	81.91	66.20	55.36	47.43	41.38	36.61	32.75	29.56	26.89	24.61
80	107.11	84.43	69.43	58.77	50.81	44.63	39.70	35.67	32.32	29.49	27.07
90	107.40	86.50	72.17	61.73	53.79	47.54	42.50	38.34	34.86	31.89	29.34
100	107.63	88.23	74.52	64.32	56.43	50.15	45.03	40.78	37.19	34.12	31.46

平衡桥电阻值、报警整定值和允许电压波动值等参数是相互影响的。若单一追求小的允许电压波动值或高的报警整定值，此三个参数将无法匹配。如：当 220V 发电厂和变电（换流）站用直流系统一极（正极或负极）绝缘处于良好状态，而另一极绝缘降低到预警整定值 100kΩ 时，若规定平衡桥引起的直流对地电压偏移不超过 10V，而同时平衡桥电阻值 R 应大于发电厂和变电（换流）站用直流系统的报警整定值 25kΩ，则无法从表 6-4 中界定出合适的绝缘监测仪平衡桥电阻。

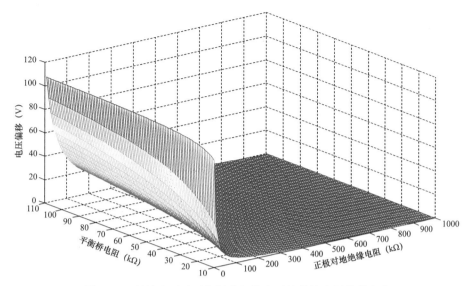

图 6-12　母线电压随平衡桥电阻值和对地绝缘电阻值的变化

（2）不平衡桥电阻引起的母线电压波动。设正极对地绝缘下降到接地电阻报警限值 25kΩ，有 $R_{z1}=25kΩ$，如图 6-9 所示，合上开关 k1 将不平衡桥电阻 R_s 投入正极，则发电厂和变电（换流）站用直流系统正极对地电压波动 U_M 的计算公式为

$$U_M = \left| U_{DC1} \cdot \frac{RR_{z1} + R_{z1}R_{f1}}{R(R_{z1} + R_{f1}) + 2R_{z1}R_{f1}} - U_{DC1} \cdot \frac{R^2(R_{z1}R_s + R_{f1}R_s + R_{z1}R_{f1}) + 2RR_{z1}R_{f1}R_s}{(R + R_{f1}) \cdot (RR_s + RR_{z1} + R_{z1}R_s)} \right|$$

（6-2）

在母线电压为 220V，正极对地绝缘电阻降低到 25kΩ，不平衡桥接入正极，平衡桥电阻 R 从 10～100kΩ，不平衡桥绝缘电阻 R_s 在 1～200kΩ 范围内变化时，母线电压的波动数据见表 6-5，母线电压变化如图 6-13 所示。

表 6-5　正极绝缘电阻 25kΩ 时母线电压随桥电阻值的变化（部分数据）

R ＼ R_s	19	21	23	25	40	50	60	80	100
25.00	22.52	20.98	19.64	18.45	12.45	10.35	8.86	6.87	5.61
30.00	22.96	21.44	20.11	18.94	12.91	10.76	9.23	7.18	5.88
35.00	23.07	21.59	20.28	19.13	13.14	10.99	9.45	7.37	6.05

续表

R_s R	19	21	23	25	40	50	60	80	100
40.00	22.96	21.53	20.26	19.13	13.23	11.10	9.55	7.48	6.14
50.00	22.40	21.05	19.86	18.79	13.15	11.07	9.56	7.51	6.18
60.00	21.61	20.36	19.24	18.24	12.87	10.87	9.41	7.42	6.12
70.00	20.76	19.59	18.53	17.59	12.50	10.59	9.18	7.25	6.00
80.00	19.91	18.81	17.82	16.93	12.10	10.27	8.92	7.06	5.84
90.00	19.10	18.06	17.12	16.28	11.69	9.94	8.64	6.86	5.68
100.00	18.33	17.35	16.46	15.67	11.29	9.61	8.37	6.65	5.52

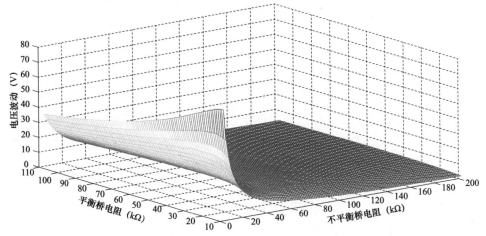

图 6-13　正极电阻 25kΩ 时母线电压随桥电阻值的变化

母线电压为 220V，负极对地绝缘电阻降低到 25kΩ，不平衡桥接入正极，平衡桥电阻 R 从 10～100kΩ、不平衡桥绝缘电阻 R_s 在 1～200kΩ 变化时，母线电压的波动数据见表 6-6，母线电压变化如图 6-14 所示。

表 6-6　负极绝缘电阻 25kΩ 时母线电压随桥电阻值的变化（部分数据）

	母线电压波动值（V）								
R_s R	25	40	50	60	65	70	80	90	100
25.00	36.01	24.30	20.20	17.79	16.34	15.10	13.41	12.05	10.95
30.00	40.45	27.56	22.99	20.29	18.65	17.26	15.35	13.81	12.56
35.00	44.36	30.48	25.49	22.54	20.74	19.21	17.10	15.41	14.02

续表

R \ R_s	母线电压波动值（V）								
	25	40	50	60	65	70	80	90	100
40.00	47.82	33.09	27.74	24.57	22.63	20.97	18.69	16.86	15.35
50.00	53.70	37.57	31.63	28.08	25.90	24.04	21.46	19.38	17.67
60.00	58.49	41.28	34.87	31.02	28.64	26.60	23.79	21.51	19.63
70.00	62.47	44.40	37.60	33.49	30.96	28.78	25.76	23.32	21.29
80.00	65.84	47.05	39.93	35.62	32.95	30.65	27.46	24.87	22.73
90.00	68.72	49.34	41.94	37.45	34.67	32.27	28.94	26.22	23.98
100.00	71.21	51.33	43.70	39.06	36.18	33.69	30.23	27.41	25.07

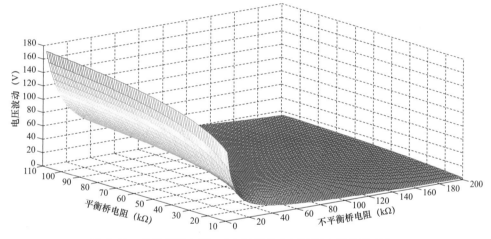

图 6-14　负极绝缘电阻 25kΩ 时母线电压随桥电阻值的变化

　　从以上论述可知，平衡桥与不平衡桥电阻的选取是相互影响的。若接地电阻报警限值设定为 25kΩ，投切不平衡桥引起的直流对地电压波动设定为不超过 22V，若综合考虑正极或负极绝缘下降到 25kΩ 的情况，平衡桥电阻 R 在 25～40kΩ 范围时，R_s 阻值宜在 60～80kΩ。

　　对于检测桥电阻值选取的规定，是为了减小不平衡桥电阻投切引起的被测发电厂和变电（换流）站用直流系统直流对地电压波动，避免造成继电保护及监控装置等的误动。所以检测电桥电阻值选取最基本的要求就是在一点接地时，桥电阻的投、切不要引起系统电压的波动，影响保护控制装置的误动。根据中国部分电力企业的运行经验，倾向于对电阻值选取范围为：220V 系统平衡桥电阻值为 30～60kΩ，功率大于 10W；220V 系统不平衡桥电阻值不宜小于 120kΩ，功率不宜小于 3W；110V 系统平衡桥电阻值为 15～30kΩ，功率大于 10W；110V 系统不平衡桥电阻值不宜小于 60kΩ，功率不宜小于 3W。但在平衡桥电阻较大时（如 60kΩ），在一极绝缘降低时，系统直流对地电压偏移较大，较容易引起保护误动。就绝大部分厂家采用的电桥接线方式而言，为兼顾产品检测的准确、灵敏并尽可能降低检测电阻对直流系统的影响，检测电阻宜选取上述系统对应的下限值。

平衡桥检测电阻的选择原则是：

（1）应大于被监测发电厂和变电（换流）站用直流系统标称电压等级所规定的报警整定值。

（2）应在被监测发电厂和变电（换流）站用直流系统一极（正极或负极）绝缘处于良好状态，另一极绝缘降低到预警整定值时，引起的直流对地电压偏移不建议超过 10V。

（3）具有长期（≥8h）耐受 250V 工频交流电压和系统标称直流电压的能力。

不平衡桥电阻的选择原则是：

（1）应在被监测发电厂和变电（换流）站用直流系统一极（正极或负极）绝缘降低到接地电阻报警限值时，投切不平衡桥引起的直流对地电压波动不得超过 $10\%U_n$。

（2）功率应遵循平衡桥阻值与功率对应的配置原则。

（3）绝缘监测装置的配置。

一段直流母线中若有多套绝缘监测装置同时工作，会相互干扰，不能真实地反映母线绝缘状况，发生误报警或不报警。直流系统中绝缘监测装置的配置方式推荐如下：

（1）每段直流母线配置一套绝缘监测装置。运行过程中，如发现绝缘监测装置异常，应尽快退出或更换。

（2）每段直流母线只允许有一套母线绝缘监测装置。如果馈线太多，需增加绝缘监测装置时，该装置不进行母线接地告警检测，只具有支路接地侦测功能。

（3）两段直流母线需要较长时间并列运行时，若绝缘监测装置间不能相互通信协调工作时，应退出其中一套绝缘监测装置。当绝缘监测装置发出接地告警，且在运行的绝缘监测装置未侦测到接地支路时，手动切换到另一台绝缘监测装置进行接地侦测。

6.4.6　支路接地故障的侦测方法

支路接地侦测一般采用直流差值法和交流低频法对接地支路侦测定位。交流低频法又分为交流低频注入法和交流低频变桥法。

由于便携式接地巡测仪基本采用交流低频注入法，并且部分发电厂和变电（换流）站用直流设备生产厂商配置的绝缘监测装置也采用交流低频注入法进行直流接地侦测（选线），同时考虑到交流低频变桥法的监测技术还在发展成熟过程中，本节仅对交流低频注入法进行介绍。另外，对直流差值法进线简单的说明。

1. 交流低频注入法

交流低频注入法是在直流系统母线和大地之间注入低频交流信号，根据交流电流信号的流向和幅值大小查找接地故障支路。交流低频注入法还可配合接地故障定位仪，在确定的故障支路上寻找注入的交流信号轨迹，其消失的地方即为故障点。

从系统安全的角度考虑，一般注入信号的幅值不大于 10V，频率不大于 5Hz。若注入的信号频率过高，检测结果受系统分布电容影响就会较大；若注入的信号频率过低，交流电流传感器又不容易检测到此交流信号，就会影响检测结果的准确性。

2. 直流差值法

直流差值法是在各直流支路套装毫安级直流电流传感器，采集流过直流支路上的不平衡电流，即流过正极与负极馈线的电流差，选出接地故障所在支路，如图 6–15 所示。

6.4.7　接地故障检测方法的比较

平衡电桥检测法的主要优点：平衡桥属于静态测量，即测量正负母线对地的静态直流电压，故而母线对地电容的大小不影响测量精度；由于不

受接地电容的影响，因此检测速度快。主要缺点是：当发电厂和变电（换

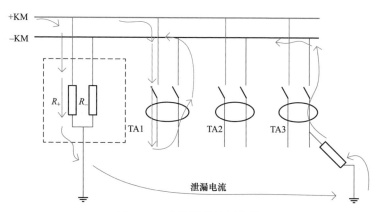

图 6-15　直流差值法示意图

流）站用直流系统发生双端接地时，绝缘监测仪的测量误差较大，且在直流系统发生平衡接地时无法检测到故障。

不平衡电桥检测法的主要优点是该方法对直流系统中任何接地方式均能准确检测。主要缺点有：① 在测量过程中，需要正负母线分别对地投电阻，因此母线对地电压是变化的。为了获得准确的测量结果，每次投入电阻后需要延时，待母线对地电压稳定后再测量，因此检测速度比平衡电桥慢。② 该方法易受母线对地电容的影响。

直流差值法的主要优点：无需在直流母线上叠加任何信号，对直流系统不会产生任何不良影响；检测精度不受直流系统对地分布电容的影响；灵敏度高，巡检速度快；能测量双端接地。主要缺点：有源直流传感器成本高于交流传感器；二次接线复杂；其中的电子电路容易受温度变化和直流回路大电流冲击的影响而产生零点漂移，影响测量精度。

交流低频注入法的主要优点：电流传感器不受一次侧电流和温度变化的影响；TV 结构简单，成本低。主要缺点：需向母线注入交流信号；检测精度受分布电容和低频信号衰减的影响较大；不能测量双端接地；此外，交流低频注入法须向直流母线注入低频率交流信号电压，这样就增大了直流系统的电压纹波系数，从而会影响直流系统的安全运行。

在中国，由于缺乏交流低频注入法注入信号的电压幅值和频率对系统

的影响的数据，仅仅能通过现用仪器取得一定的认识，因此有些企业不允许使用交流低频注入法进线接地侦测（选线）。由于交流低频的接地侦测（选线）方法在实际工程中具备较多优点，采用交流低频变桥法既保持了原交流低频方法的优点，同时还消除了交流低频注入法对保护干扰和漏报的不足。但由于交流低频变桥法的相关检测技术还在发展成熟过程中，考虑到系统的安全和可靠运行要求，交流激励信号的幅值宜不大于 10V，频率不大于 5Hz。

6.4.8　对地电容对系统的影响

发电厂、变电站以及换流站直流系统中大容量对地电容的存在，已成为影响直流系统安全运行和接地故障检测时不可忽视的问题。

1. 直流系统中对地电容的产生

可以从以下两方面分析：

（1）系统的分布电容。除长距离的电缆与大地之间存在着一定程度的电容效应外，电气设备的导电绕组与接地的金属外壳之间、电缆内的相线与接地保护线之间，以及钢管内穿线与接地的钢管之间也都存在着不同程度的电容效应。这些电容效应可以用集中参数等效为发电厂和变电（换流）站用直流系统的正、负极对大地之间分别存在着电容 C。随着发电厂和变电（换流）站用直流系统设备结构的日益复杂、数量的增多，以及电缆长度的增大，对地电容的电容量也在不断增大。

（2）引入的抗干扰滤波电容。随着电力系统自动化程度的不断提高，发电厂、变电站以及换流站中使用的继电保护装置和自动装置越来越多。这些装置为提高抗干扰能力，在其电源与地之间并接有滤波电容。这些抗干扰滤波电容的大量引入增大了发电厂和变电（换流）站用直流系统的对地电容。在静态继电保护装置中，一般接有 0.47μF 的对地电容，而大量新型微机继电保护装置的投入使用，使得直流系统引入的抗干扰滤波电容就更大了。据调研，一些 220kV 变电站的站用直流系统的对地电容已达 70μF，500kV 变电站的站用直流系统对地电容更高达 200～300μF。

2. 对地电容的影响

由前述可知，为提高保护装置的抗干扰能力，在电源与地之间并接有滤波电容。大、中型电力工程的控制电缆较长，其分布电容不容忽视。现将这些电容进行综合考虑来分析其影响。

如图 6-16 所示，发电厂和变电（换流）站用直流系统的正、负极对地之间分别有对地电容 C_1 和 C_2，直流绝缘监测的正、负极对地检测电阻分别为 R_1 和 R_2，KM 为保护出口中间继电器线圈。当发电厂和变电（换流）站用直流系统发生一点接地（如 A 点）时，施加在 KM 上的电压理论上为 50% 系统电压。正、负极对地电阻稍有差异，将使 KM 的电压超过 50% 系统电压，而 KM 的动作电压要求在 50%～70% 系统电压可靠动作，故 KM 上施加的电压已达到其动作电压，加之对地电容 C_2 放电，造成保护出口中间继电器误动。

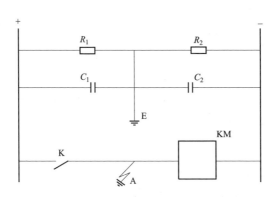

图 6-16 保护出口中间继电器误动电路

保护装置中一些小型继电器的动作功率小，动作电压灵敏，因发电厂和变电（换流）站用直流系统一点接地造成的保护出口中间继电器误动（如断路器误跳）现象时有发生。所以需要适当提高出口继电器线圈的动作功率，减小发电厂和变电（换流）站用直流回路的对地电容，达到防止保护装置误动的目的。

另外，在直流系统接地故障检测定位采用低频信号注入法时，因为是由信号源向直流系统正、负母线注入低频信号，故通过各支路上的电流互感器接收信号并计算得到电阻值，判断出接地支路。电流互感器接收的电流信号中除包含阻性电流外，还包含容性电流。由于注入直流回路中的电流信号很弱，当支路对地电容较大时，通过有功分量计算无法准确地分辨出阻性电流，会造成直流接地支路选线失败。

6.4.9　查找接地电池的方法

在蓄电池组发生接地故障时，无法通过电池的裂开、膨胀和漏液初步确定接地点，可采取万用表测量电压的方法查找接地电池。

首先测量蓄电池组的总电压 U_z，并计算得到单个蓄电池的平均电压 U_p（$U_p=U/N$，N 为蓄电池数量），再测量正（或负）极对地电压值 $U+$（以正极查找为例），由 $U+U_p$ 取整得到的数值确定为疑似接地电池。用万用表测量该电池的对地电压，分两种情况进行判断：① 总是对地电压为正，则向蓄电池组负极方向继续测量下一个电池，直至测量到对地电压由正变为负的电池时，则确定该电池发生了接地；② 总是对地电压为负，则向蓄电池组正极方向继续测量下一个电池，直至测量到对地电压由负变为正的电池时，则确定该电池发生了接地。

6.4.10　防范接地故障的措施

在日常的运行检修维护工作时，为保证设备的安全运行，采取以下措施来避免接地故障的发生是有必要的：

（1）设计和运行管理中，避免交/直流电缆混用、交/直流辅助节（接）点混用。交流电缆和直流电缆靠近敷设布置时要做好隔离和屏蔽措施。

（2）加强直流控制电缆的检查维护和二次线的清扫，保持二次线的清洁，防止积尘过多。做好端子箱、机构箱、电缆沟和主变压器气体接线盒等处的封堵检查，防止小动物爬入或小金属零件掉落在元件上造成直流接地故障。

（3）对运行年限长的设备和室外电缆加强维护，对绝缘老化且已不能满足对地绝缘电阻要求的控制电缆和有关二次设备应及时更换。

（4）定期巡检直流系统的对地绝缘。

（5）应定期对蓄电池室巡视和通风，并在蓄电池室采取有效的防潮措施。阀控密封铅酸电池虽然省去了经常加水等日常维护工作，但漏液现象依然存在。蓄电池漏液一般都会引发接地故障。运行维护人员应将蓄电池回路纳入绝缘检测装置的支路接地侦测范围，实现实时在线监测蓄电池回

路绝缘状况。

　　故障出现后要立即进行排查，按序查找，先信号回路、事故照明回路，再操作回路、控制回路、保护回路。应重点检测绝缘情况较差的回路，如户外隔离开关机构操作箱。查找直流接地故障时，必须由二人进行，应做好安全监护，防止人身触电；在已发生一点接地的情况下，不得使用万用表的通断挡位进行测量；禁止使用灯泡查找直流接地故障。

7 新技术和新型设备

7.1　交、直流一体化电源系统

交、直流一体化电源系统是一体化设计、一体化配置、一体化监控，为交、直流设备提供可靠的不间断工作电源的新型电源系统。交、直流一体化电源系统主要由站用交流电源、发电厂和变电（换流）站用直流、交流不间断电源（UPS）、直流变换电源（DC/DC）等装置组成，实现统一监控，共享蓄电池组。其运行工况和信息数据能够上传至监控系统后台，并能够实现就地和远方控制功能，实现站用电源设备的系统联动。交、直流一体化电源系统的典型方案如图7-1所示。

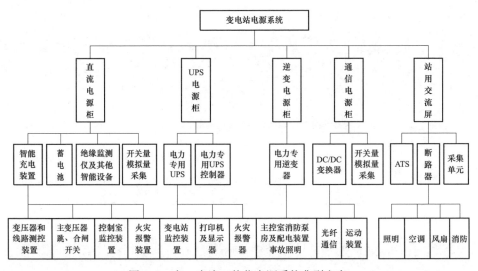

图7-1　交、直流一体化电源系统典型方案

交、直流一体化电源系统提供统一的智能监控管理单元，其信息管理平台与各智能终端的组网方式如图7-2所示。

交、直流一体化电源系统的构成优化了作业流程及人力资源调配，减少了设备重复配置，降低了设备投资及运行维护成本，对各电源子系统实现了智能控制和高效管理，大大提高了工作效率。同时由于减少了蓄电池的使用量，降低了对环境的污染，其社会、经济效益也有所提高。

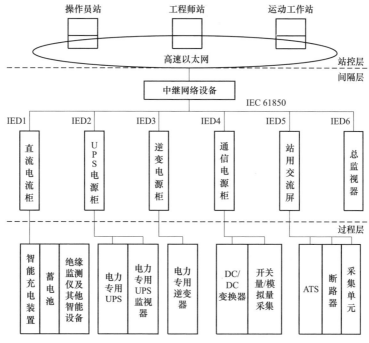

图 7-2　交、直流一体化电源系统组网方式

7.2　氢燃料电池的应用

目前，电力系统主要采用铅酸蓄电池作为直流系统电源，当电网故障停电后，为设备控制、动力回路提供后备电源。由于铅酸蓄电池存在循环寿命较低、环境温度敏感、容量监测困难等缺点，电力系统也在寻找更好的技术解决方案，如氢燃料电池技术的研究和应用。

7.2.1　氢燃料电池系统的结构

随着氢燃料电池技术的发展，氢燃料电池设备已具备防漏检测、压力检测，以及浓度检测等多重安全检测功能，其可靠性及安全性已能满足电力系统的要求。将氢燃料电池供电系统代替铅酸蓄电池组作为停电期间的后备电源，只保留少量的铅酸蓄电池作为系统启动过程中的支撑，在铅酸蓄电池组停电时实现自动启动，在交流系统恢复时又能够自动进入待机状态，然后随即进入均充至浮充电状态。

氢燃料电池系统（见图 7-3）分为 6 个模块，分别为系统电控单元、直流管理单元、燃料电池模块、蓄电池、室外散热单元和储氢单元。其中，燃料电池模块包含燃料电池电堆（简称电堆）及其辅机（即供氢单元、氧化剂供给单元和热交换单元）；系统电控单元控制辅机为电堆提供必要的燃料和氧化剂，并控制室外散热单元将燃料电池产生的余热排出系统，除此之外，系统电控单元还负责遥感、遥测和遥控功能的实现；直流管理模块负责将燃料电池电堆输出为稳定的 220V 发电厂和变电（换流）站用直流电，并负责系统的能量管理。

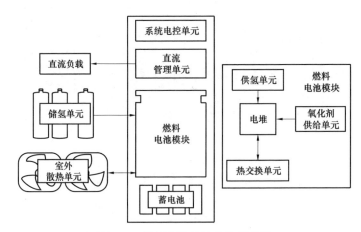

图 7-3　燃料电池系统结构示意图

图 7-4 描述了某 110kV 变电站加装氢燃料后备电源的发电厂和变电（换流）站用直流系统。直流系统由 1 组蓄电池、1 组整流器、1 套 3kW 氢燃料后备电源组成，为单母线分段接线，氢燃料电池系统接入 220V 直流母线。当交流电源正常供电时，充电装置经直流母线对蓄电池充电，同时为两段母线提供负荷电流；当交流电源中断时，暂时由蓄电池组提供发电厂和变电（换流）站用直流，同时氢燃料系统电控单元自动控制燃料电池模块启动，在很短的时间内逐步替代蓄电池组。当燃料电池模块启动完毕，除了提供负载电流外，还提供蓄电池组的充电电流。当交流电源恢复后，氢燃料系统电控单元自动关闭燃料电池的电力输出。

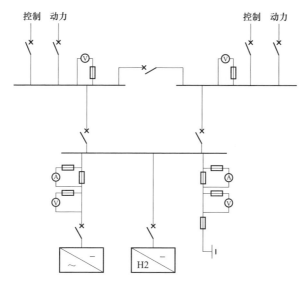

图 7-4 某 110kV 变电站发电厂和变电（换流）站用直流系统

此设计方案接线简单可靠，适用于两段直流母线负荷电流小于 15A，最大冲击性负荷 150A 以内的 110kV 变电站，尤其是供给重要用户负荷的 110kV 变电站的直流系统具有强大的后备作用。

7.2.2 氢燃料电池电源系统的特点

氢燃料电池电源系统具有以下特点：

（1）可靠性高。可做到无间隔启动，无需人工维护，可保证及时供电需求。

（2）续航时间可控。备用时间理论上无限制，取决于所消耗的氢气量，根据预定氢气供应可提供 72h 或更长的供电时间。

（3）使用寿命长。理论上来说，寿命累计运行时间长达 20 000h，累计开关次数超过 20 000 次，搁置寿命长达 30 年，不存在充放电循环问题，有氢气供应就可连续不断地为负载供电。

（4）环保可再生。在运行过程中，无污染性废气排放，不会对环境造成污染。氢通过可再生能源产生，如光伏电池板、风能发电等，整个循环不产生有害物质。

（5）可预见性强。通过控制系统可随时了解能量供应情况和支持时间，保证供电系统的正常运行。

7.3 移动式站用直流应急电源

基于磷酸亚铁锂蓄电池的移动式站用直流应急电源，是为了在电网重大事故或重大自然灾害时满足变电站对发电厂和变电（换流）站用直流和检查测试仪器用电源的需求，在正常情况下作为变电站蓄电池单组配置时的临时备用电池组，满足对蓄电池组需要脱离直流母线进行定期核对性放电的要求。

移动式站用直流应急电源的基本结构为便携分体的积木式单元结构。对于采用两组磷酸亚铁锂蓄电池的直流系统，可共用一套充电装置及监控器（内嵌 BMS）进行充电维护管理。一套充电装置及监控器（内嵌 BMS）可同时管理两组磷酸亚铁锂蓄电池。这既降低了耗电量，又减少了运输的质量和体积。便携式分体结构单元之间采用快速插接方式连接，按结构形式可方便形成"电池组+配电控制"提供发电厂和变电（换流）站用直流电源、"电池组+配电控制+逆变器"提供测试仪器等用交电源、"电池组+配电控制+充电装置"提供完整的后备式变电站发电厂和变电（换流）站用直流系统等功能组合。

当作为直流应急电源使用时，先关闭日常维护连接的交流电源，撤除连接电缆，将电池组的电池插框和配电控制插框抽出，放入专配铝合金手提箱内，以小体积便携方式运至发电厂、变电站或换流站需要提供发电厂和变电（换流）站用直流电源的地方，就地插入电池箱架（也可叠放组装），对应连接快速插接电缆，即可完成全部组装。检查无误后，发电厂和变电（换流）站用直流应急系统就进入了工作状态，即可为发电厂和变电（换流）站用直流负荷供电。

当作为现场检测变电设备的仪器用应急交流电源时，可将整个移动式站用直流应急电源系统安置于变电站待检测设备旁，将检测仪器的交流电源接至本系统逆变电源输出，检查无误后，合上逆变器直流断路器，逆变器就可为测试用仪器提供交流电源了。

144

当为配置单组蓄电池的发电厂和变电（换流）站放电核容时，将移动式站用直流应急电源整体安置在发电厂和变电（换流）站用直流设备旁。接入交流电源，启动应急电源系统使之运行，根据具体发电厂和变电（换流）站要求设置好运行参数，待运行正常且符合该发电厂和变电（换流）站要求后，按极性通过发电厂和变电（换流）站直流系统馈电屏连接到发电厂和变电（换流）站直流母线上，为发电厂和变电（换流）站用直流负荷提供电源。然后将原发电厂和变电（换流）站蓄电池组退出运行，单独进行放电核容，满足对单组电池配置发电厂和变电（换流）站的安全测试要求。

电池容量的大小关系到事故放电的能力，但同种类电池的容量是与质量成正比的。要保证发电厂和变电（换流）站用直流应急系统的便携性，一是要选用容重比较高的磷酸亚铁锂蓄电池；二是要将电池容量控制在合理的范围内，根据相关技术标准的规定，并结合发电厂和变电（换流）站用直流应急电源的运输时间，最终确定磷酸亚铁锂蓄电池的事故放电时间。

7.4　绝缘监测装置校验仪

根据相关文献报道，发电厂和变电（换流）站用直流系统装设的绝缘监测装置在运行中损坏、监测偏差严重等状况普遍存在。所以即使已有相关规程要求对绝缘监测装置进行定期校验，但是由于缺乏绝缘监测装置校验仪，一般采用小电阻（20kΩ）模拟接地故障进行检查。由于这种方式存在引起保护装置误动的风险，因此阻碍了此项工作的开展。

绝缘监测装置校验仪通过模拟单极接地、双极接地、交流—直流串电接地、系统电容、支路电容影响等直流系统的接地故障，可以对涉及电力系统的发电厂升压站、变电站、换流站等发电厂和变电（换流）站用直流系统的绝缘监测装置进行校验。在校验过程中，绝缘监测装置与运行中的直流系统无直接联系，不在运行的直流系统中模拟接地故障，因而不会造成运行中的保护装置误、拒动，实现了对其运行安全性、故障监测可靠性等方面的测评，也为开展绝缘监测装置的运行维护和状态检修提供了参考，以期能够最大限度地避免劣质产品引发或扩大电网事故。

7.4.1 校验仪的基本原理

绝缘监测装置校验仪校验检测的基本原理图如图 7-5 所示。采用可调整流模块模拟发电厂和变电（换流）站用直流系统的正、负极母线及相应的直流电压，并且连接数条直流输出支路。输出支路接有可调的电阻器和电容器用于设置不同的直流接地状况，实现模拟变电站用直流系统的运行工况。

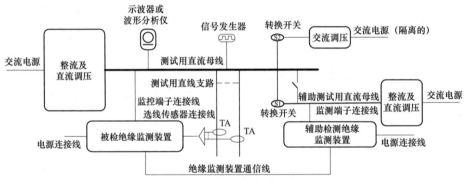

图 7-5 绝缘监测装置校验的原理图

交流电源通过转换开关叠加在平衡桥检测电阻上，模拟外部工频交流量的窜入和对检测桥交流电压的耐受能力测试。

接入母线的信号发生器用于交流窜入的检测或考核验证被检发电厂和变电（换流）站用直流绝缘监测装置对外部窜入交流量的测量、记录和分析能力。

接入母线的示波器，用于测量、记录和分析直流母线电压位移和波动的波形。

此外，可另接一个可调整流模块，测试两段直流母线发生同极或异极互窜和环网时（两段独立的直流母线仅一极出现的非正常连接为互窜，两极出现的连接为环网）发电厂和变电（换流）站用直流绝缘监测装置的故障判断能力。

7.4.2　校验仪的使用方法

评测的项目针对接地故障监测、接地选线、交流窜入、直流互窜、直流合环及相应测记功能等设置。以直流接地故障监测和接地选线为例，根据校验装置的部分检测电路图（见图7-6）阐述校验检测方法的实现。

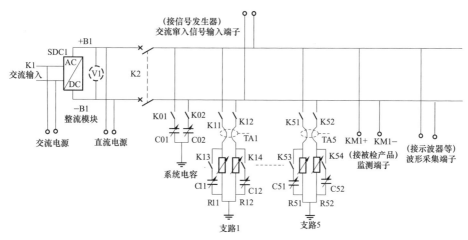

图7-6　校验装置的部分检测电路图

1. 一条支路下的单极（正极或负极）检测

合上 K01 调节 C01 电容值，在 0～100μF 范围中合理选择多个测试值（如 0、10、30、50、80、100μF），再合上 K11 并分别在每个 C01 电容值下，调节 R11 电阻值至被测产品发出告警，示波器测量记录各测试点的正、负极对地电压值（直流电压偏移）。告警一般分为绝缘预警和接地报警，在被测产品完成接地选线后，分别记录告警显示内容，读取绝缘预警和接地报警时的 R11 电阻值与被测产品显示值，进行绝缘电阻（接地电阻值）监测的误差计算和接地选线正确性判断，完成后断开 K01 和 K11，并调节 R11 电阻值至最大值。

合上 K11 和 K13，调节 C11 电容值，在 0～5μF 范围中合理选择多个测试值（如 0、1、3、5μF），并分别在每个 C11 电容值下调节 R11 电阻值，至被测产品发出告警，示波器测量记录各测试点的正、负极对地电压值（直流电压偏移）。在被测产品完成接地选线后，分别记录告警显示内容，读取

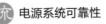

绝缘预警和接地报警时的 R11 电阻值与被测产品显示值，进行支路绝缘电阻（接地电阻值）的监测误差计算和接地选线正确性判断，完成后断开 K13 和 K11，并调节 R11 电阻值至最大值。

2. 两条支路下的单极（正极或负极）检测

每一极的检测方法和步骤参照一条支路下的单极检测进行，结合不同的组合方式，清楚地记录告警显示内容和正、负极对地电压最大值（直流电压偏移），读取调节的电阻值与被测产品显示值，进行各极的绝缘电阻（接地电阻值）监测的误差计算和接地选线正确性判断，完成后断开相应的支路断路器，并调节电阻值至最大值。

3. 一条支路正极和另一条支路负极的检测

每一极的检测方法和步骤参照一条支路下的单极检测进行，但两极的电阻器和电容器按等值调节，每种组合方式下清楚地记录告警显示内容和正、负极对地电压最大幅值（直流电压波动），读取调节的电阻值与被测产品显示值，进行各极的绝缘电阻（接地电阻值）监测的误差计算和接地选线正确性判断，完成后断开相应的支路断路器，并调节电阻值至最大值。

4. 校验检测结果评判

完成全部组合方式的检测后，按极性（正极或负极）选出最大误差值，即是被测产品的误差。根据接地选线的误选和漏选次数给予正确率判断，再依据示波器记录得到直流电压偏移和直流电压波动的最大值并给予是否超值的判断。

8 标准化体系分析

8.1 国际标准化组织相关工作

8.1.1 国际电工委员会

截止到 2017 年 5 月底，国际电工委员会（International Electrotechnical Commission，IEC）现有技术委员会（Technical Committee，TC）104 个、技术分委员会（Technical Subcommittee，SC）99 个，除了作为基础的 TC1 术语技术委员会外，还有 11 个技术委员会和 9 个技术分委员会与发电厂和变电（换流）站用低压交、直流系统技术领域涉及的内容有一定的关联。

1. 面向发电厂和变电（换流）站用直流系统的 IEC 技术委员会

IEC 中面向发电厂和变电（换流）站用直流系统领域的技术委员会共有 3 个，分别是 TC64、TC73 和 TC109。而近来新成立的 SyC LVDC "Systems Committee on Low Voltage Direct Current and Low Voltage Direct Current for Electricity Access" 负责公用低压配电领域（含新能源发电）的标准化工作，但不涉及发电厂、变电站和换流站用直流系统。

TC64 作为电气装置和防触电保护领域的技术委员会，工作范围主要在低压电气装置的设计、选型、安装以及检验过程的安全方面。为避免合理使用的电气装置对人员、家畜和财产产生危害和损害。TC64 已制定技术标准、报告和规范 45 个。其中，IEC 60364 系列标准的适用范围覆盖了工业、民用和光伏发电系统，IEC 60364–1 和 IEC 60364–4 技术标准规定了低压电气装置设计、安装及检验的安全规则。但以上标准、报告和规范均未专门应用于发电厂和变电（换流）站用直流系统。

TC73 作为短路电流领域的技术委员会，工作范围主要在短路电流及其热、化学效应的计算方法方面。TC73 已制定技术标准 5 个、技术报告 5 个。其中，IEC 61660 系列标准可适用于发电厂和变电（换流）站用直流系统，包括直流短路电流计算方法、效应计算和计算示例。但该系列标准仅针对发电厂和变电（换流）站用直流侧接有三相交流整流桥或滤波电容器、固定式铅酸蓄电池组，以及直流励磁电动机的系统情况，而对装配有高频开关型整流模块、DC/DC 模块、铁锂电池等设备的发电厂和变电（换流）站用直流系统，则还缺乏相关的计算方法。

TC109 作为低压设备绝缘配合领域的技术委员会，针对使用于海拔2000m 及以下、额定电压交流至 1000V、额定频率至 30kHz 或直流至 1500V 的设备，提出了绝缘配合的原则及相应的试验要求。TC109 已制定 IEC 60664 系列的 3 个技术标准和 2 个技术报告，对低压设备的电气间隙、爬电距离和固体绝缘，以及其电气试验方法等进行了规范，适用于直流设备中的绝缘设计。但以上标准和报告仅能对低压直流系统层面的绝缘配合设计起到一定的参考作用。

2. 面向器件与装置的 IEC 技术委员会

IEC 中面向发电厂和变电（换流）站用直流系统中的相关低压产品的技术委员会有 8 个，技术分委员会有 9 个。8 个技术委员会分别是 TC20、TC21、TC22、TC23、TC32、TC37、TC85、TC121，9 个技术分委员会分别是 SC21A、SC22E、SC22H、SC23E、SC23J、SC32B、SC37A、SC121A、SC121B。以上 9 个技术分委员会属于各自的技术委员会管理，所以以下将技术分委员的分析合并至其所属的技术委员会中。

TC20 作为电缆领域的技术委员会，负责制定所有电压等级的电缆技术标准。其中，IEC 60702 系列规定了额定电压 750V 及以下矿物绝缘电缆及终端的一般技术条件，IEC 60245 系列规定了额定电压 450V/750V 及以下橡皮绝缘电缆的一般技术条件，作为产品技术标准适用于发电厂和变电（换流）站用直流系统。IEC 62440 系列规定了橡皮绝缘电缆的使用指南，产品多应用于发电厂和变电（换流）站用低压交流系统，但仅部分条款适用于发电厂和变电（换流）站用低压直流系统，特别在产品选型与电缆敷设方面缺乏相关详细的规定。

TC21 作为蓄电池领域的技术委员会，负责制定二次电池和蓄电池的技术标准，并设有一个分委会 SC21A 负责制定密封和开口电池（碱性、其他非酸性电池）的技术标准。与发电厂和变电（换流）站用直流系统有关的蓄电池技术标准有 7 个、技术报告有 1 个。其中，IEC 60896 系列标准规定了蓄电池的试验方法和技术要求，适用于所有固定安装并浮充方式运行的固定阀控式铅酸蓄电池；IEC 62485–2 规定了固定式蓄电池和蓄电池组在安装过程中的安全要求，IEC/TR 62060 是蓄电池和蓄电池组监测技术的报告。IEC 60622 和 IEC 60623 分别规定了密封和开口镉镍电池的一般技术条件。但是，在发电厂和变电（换流）站用直流系统中，蓄电池组是核心设备，除对其自身有产品的基本要求外，还需要根据各个发电厂和变电（换流）站用直流配电系统的规模、负荷等的实际状况，对蓄电池组的均充/浮充电压、事故放电电压变化范围、冲击负荷放电能力、蓄电池只数、蓄电池间连接组合方式、安装布置结构方式、单只与整组容量大小及其配套保护等在设计和选型方面进行规范。另外，还需要在蓄电池组运行维护的容量核对性放电测试周期、整站单组配置核容方法、蓄电池组寿命评价、电池电压均衡策略、防止直流母线失电等方面提供安全技术措施及要求。

TC22 作为电力电子领域的技术委员会，为功率变换器和功率开关制定在电力电子器件、装置及系统方面的相关标准，也包括其控制、保护、监控和测量的标准，其中与发电厂和变电（换流）站用直流系统密切相关的有 SC22E 和 SC22H 两个技术分委会。TC22 制定的 IEC 60146 系列技术标准规定了半导体变流器和电网换相变流器的一般技术条件和安全要求等，IEC 62477-1 技术标准规定了电力电子变换器系统和设备的安全要求，但并非针对发电厂和变电（换流）站用直流系统中蓄电池充电装置制定的专用技术条件。SC22E 制定的 IEC 61204 系列 4 个技术标准，仅适用于功率等级不超过 30kW、交流输入或直流输入电压不超过 600V、直流输出电压不超过 200V 的发电厂和变电（换流）站用直流，并不适用于所有发电厂和变电（换流）站用直流系统。发电厂和变电（换流）站用直流系统不仅包含有 DC/DC、INV（逆变装置）等发电厂和变电（换流）站用直流装置，还专门设有具备蓄电池充电控制功能的整流充电装置，其直流额定电流可达 500A、额定功率为 115kW。SC22H 制定的 IEC 62040 系列技术标准共有 4 个，较好地规范了 UPS 装置的性能、安装、绝缘、保护及试验等方面技术要求，但无专门针对发电厂和变电（换流）站用直流系统的 UPS 维护和测试技术等方面的规定。

TC23 作为电气配件领域的技术委员会，制定家用和类似应用的电气配件的技术标准，范围主要包括家用、建筑电气、办公、商业、工业厂房、医院、公共建筑等，其应用范围未包含发电厂和变电（换流）站用直流系统。而实际上，TC23 管理的 SC23E、SC23J 技术分委员会，他们制定的产品技术标准已应用于发电厂和变电（换流）站用直流系统中。SC23E 技术分委员会负责家用及类似用途断路器的技术标准制定，其中 IEC 60898-2 技术标准规定了直流额定电流不超过 125A、直流额定电压不超过 220V 的单极断路器和 440V 的双极断路器的过电流保护要求，IEC 60934 技术标准中的部分条款涉及直流额定电压不超过 250V、电流不超过 125A 的设备用机械式断路器的一般技术条件。SC23J 技术分委员会负责开关应用方面的技术标准制定，IEC 61020-1 和 IEC 61058-1 技术标准分别规范了机电开关和家用及类似用途开关的应用。虽然 SC23E 和 SC23J 技术分委员会制定的相关产品技术标准均在发电厂和变电（换流）站直流系统中有应用，但在产品的现场测试、维护方面缺乏具体规范。

TC32 作为熔断器领域的技术委员会，负责制定有关熔断器特征、产品、安装、运行和测试方面的技术标准。SC32B 技术分委员会负责低压熔断器的技术标准制定，可适用于发电厂和变电（换流）站用直流系统。其中，IEC 60269-1 技术标准规定了低压熔断器的一般技术条件，完全适用于发电厂和变电（换流）站直流系统。IEC TR 60269-5 技术报告是低压熔断器的应用指南，但并非专门针对发电厂和变电（换流）站直流系统的应用而制定，仅具有参考作用。

TC37 作为电涌保护器领域的技术委员会，负责制定高压避雷器和低压电涌保护器的技术标准。SC37A 制定用于通信、电力、信号网络系统中的低压电涌保护器技术标准，可适用于发电厂和变电（换流）站用直流系统。IEC 61643 系列标准规定了低压电涌保护器的一般技术条件、选型、安装和配合原则，仅是防雷设计中的基本参考原则，不涉及在发电厂和变电（换流）站用低压直流系统中的具体设计规定。

TC85 作为测量设备领域的技术委员会，负责制定试验、测量或监控设备的技术标准。其中，IEC 61557 系列技术标准规定了低压交、直流设备的一般技术条件和安全要求，其中绝缘监测装置部分适用于发电厂和变电（换流）站用直流系统，但并未制定具体的参数选取规定。

TC121 作为低压开关设备和控制设备组件领域的技术委员会，为工业、商业和类似机电设备上的低压开关设备和控制设备组件制定相关标准。其技术分委员会 SC121、SC121B 制定的 IEC 60947、IEC 61439、IEC TR 61912 系列技术标准和报告，规范了低压开关设备和控制设备组件在设计、安装、运行和维护等方面的技术及应用要求，基本适用于发电厂和变电（换流）站用直流系统，但涉及现场测试与运维方面的技术规定较少。

3. 小结

TC20、TC21、TC22 等 8 个技术委员会和 9 个技术分委员会在元器件、装置等设备方面开展了有效的标准化工作，从产品的技术参数、功能等方面制定了详尽的规范，但适用于发电厂和变电（换流）站用直流系统的元器件和设备的技术标准少，部分专用技术标准存在缺失。TC64、TC73、TC109 3 个技术委员会从系统层面开展的标准化工作和制定的技术标准较好地满足了民用电安全、短路电流计算、低压绝缘配合的应用需求，但未涉及发电厂和变电（换流）站用直流系统的结构设计、系统调试、检测和监测等系统层面的标准化工作。

综上所述，目前 IEC 尚没有技术委员会（TC）或技术分委员会（SC）在发电厂和变电（换流）站用直流系统的设计、运行与维护等领域系统性地开展工作。

8.1.2 电气和电子工程师学会

电气和电子工程师学会（Institute of Electrical and Electronics Engineers，IEEE）管理的电力和能源协会变电站委员会（Power and Energy Society/Substations）成立了"电力站用低压系统设计导则"工作组（WGD9：Substation Auxiliary System-Guide for the Design of Low Voltage Auxiliary Systems for Electric Power Substations），讨论、研究变电站用低压交、直流系统领域的相关技术问题，并组建了标准编制项目组 IEEE P1818 "电力站用低压系统设计导则草案"（IEEE Draft Guide for the Design of Low Voltage Auxiliary Systems for Electric Power Substations）。

8.1.3 国际大电网会议

2014 年 12 月，国网四川省电力公司电力科学研究院获国际大电网会议（Conference Internation Des Grands Reseaux Electriques，CIGRE）批准，成

功设立 CIGRE B3.42 低压交、直流系统可靠性分析和设计导则（Reliability Analysis and Design Guidelines for LV AC/DC Auxiliary Systems）工作组，开展发电厂和变电（换流）站用低压交、直流系统领域可靠性及系统设计方面的技术研究工作。

8.1.4　小结

在发电厂和变电（换流）站用直流系统的国际标准化体系中，美国电子工程师学会和国际大电网会议组织正在开展该领域的研究，而国际电工委员会却缺乏该领域的设计、运行与维护的标准。

从标准化体系的完整性方面来看，国际上在该领域的标准化体系存在缺失，亟待制定相应的标准进行填补，特别是应加强发电厂和变电（换流）站用直流系统的设计、施工验收、系统与设备调试、运行维护等方面的标准化工作。

8.2　IEC 标准化体系现状分析

8.2.1　IEC 技术标准现状

根据 IEC 各技术委员会和技术分委员会负责的技术领域特点，有 4 个横向技术委员会 TC1、TC64、TC73、TC109 分为在术语、电气装置和电击保护、短路电流、低压设备绝缘配合 4 个方向开展标准化工作，而其余 17 个产品技术委员会及产品分技术委员会分别在电缆、蓄电池、电力电子装置等设备方面开展标准化工作。通过对各技术委员会和分技术委员会发布的技术标准、技术报告的梳理和分类，划分为基础标准、设备技术标准、测试装置技术标准三类，详见附录 A～附录 C。

8.2.2　IEC 技术标准项目说明

1. 基础标准

（1）术语。

1）设备类。

IEC 60050–441：1984　International Electrotechnical Vocabulary. Switchgear，controlgear and fuses

IEC 60050–442：1998　International Electrotechnical Vocabulary-Part 442：Electrical accessories

IEC 60050–461：2008　International Electrotechnical Vocabulary-Part 461：Electric cables

IEC 60050–482：2004　International Electrotechnical Vocabulary-Part 482：Primary and secondary cells and batteries

IEC 60050–551：1998　International Electrotechnical Vocabulary-Part 551：Power electronics

IEC 60050–826：2004　International Electrotechnical Vocabulary-Part 826：Electrical installations

IEC 60050–845：1987　International Electrotechnical Vocabulary. Lighting

以上技术标准包括电气配件、电缆、蓄电池、照明、电力电子等设备的术语。

2）系统类。

IEC 60050–601：1985　International Electrotechnical Vocabulary. Chapter 601：Generation，transmission and distribution of electricity-General

IEC 60050–602：1983　International Electrotechnical Vocabulary. Chapter 602：Generation，transmission and distribution of electricity-Generation

IEC 60050–605：1983　International Electrotechnical Vocabulary. Chapter 605：Generation，transmission and distribution of electricity-Substations

IEC 60050–614：2016　International Electrotechnical Vocabulary-Part 614：Generation，transmission and distribution of electricity-Operation

IEC 60050–192：2015　International electrotechnical vocabulary-Part 192：Dependability

IEC 60050–195：1998　International Electrotechnical Vocabulary-Part 195：Earthing and protection against electric shock

以上技术标准包括发输配电、可靠性、接地防护的术语。

（2）安全防护。

1）IEC 60364-1：2005 Low-voltage electrical installations-Part 1：Fundamental principles，assessment of general characteristics，definitions

该标准规定了电气装置设计、安装及检验的安全规则，避免在合理使用中的电气装置可能发生的对人员、财产的危险和损害，并保证电气装置的正常运行。

2）IEC 60364-4-41：2005 Low-voltage electrical installations-Part 4-41：Protection for safety-Protection against electric shock

该标准规定了电击防护的基本要求，包括人体的基本保护和故障保护，还规定了特定的情况下采用附加保护的要求。

3）IEC 60364-4-42：2010 Low-voltage electrical installations-Part 4-42：Protection for safety-Protection against thermal effects

该技术标准规定了靠近电气设备的人员、固定设备及固定物料的热效应保护要求，以防止电气设备产生的热集聚或热辐射的有害效应。

4）IEC 60364-4-43：2008 Low-voltage electrical installations-Part 4-43：Protection for safety-Protection against overcurrent

该技术标准规定了带电导体过电流保护的要求。

5）IEC 60364-4-44：2007 Low-voltage electrical installations-Part 4-44：Protection for safety-Protection against voltage disturbances and electromagnetic disturbances

该技术标准规定了由于各种原因产生的电压骚扰和电磁骚扰，电气装置的安全要求。

（3）短路电流。

1）IEC 61660-1：1997 Short-circuit currents in d.c. auxiliary installations in power plants and substations-Part 1：Calculation of short-circuit currents

该技术标准阐述了发电厂和变电（换流）站用直流配电系统的短路电流计算方法。其中，短路电流源可以是三相交流整流桥、固定铅酸蓄电池组、滤波电容器，以及自启动的直流电动机。通过短路电流计算，最大值决定电气设备的额定参数，最小值决定了熔断器的额定参数及保护设置。

2）IEC 61660-2：1997 Short-circuit currents in d.c. auxiliary installations in power plants and substations-Part 2：Calculation of effects

该技术标准提供了由短路电流引起的硬导体的机械和热效应计算方法，给出了详细的计算程序。

3）IEC TR 61660-3：2000 Short-circuit currents in d.c. auxiliary installations in power plants and substations-Part 3：Examples of calculations

该技术报告提供了 IEC 61660 技术标准的计算案例。

（4）低压绝缘配合。

1）IEC 60664-1：2007 Insulation coordination for equipment within low-voltage systems-Part 1：Principles，requirements and tests

该技术标准适用于低压电气设备的绝缘配合，给出了绝缘配合的原理、要求和试验要求。

2）IEC TR 60664-2-1：2011 Insulation coordination for equipment within low-voltage systems-Part 2-1：Application guide-Explanation of the application of the IEC 60664 series，dimensioning examples and dielectric testing

该技术报告适用于低压电气设备的绝缘配合，给出了绝缘配合交界面上的低压电涌保护器等设备的配置地点及要求。

2. 设备技术标准

（1）设备一般技术条件。

1）电缆。

a. IEC 60245-1：2003 Rubber insulated cables-Rated voltages up to and including 450V/750V-Part 1：General requirements

该标准适用于额定电压不超过 450V/750V 的橡皮绝缘和护套的硬和软电缆，规定了电缆的基本参数、试验项目和使用要求等。

b. IEC 60702-1：2002 Mineral insulated cables and their terminations with a rated voltage not exceeding 750V-Part 1：Cables

该技术标准适用于额定电压 500V 和 750V 铜芯铜或铜合金护套矿物绝缘一般布线电缆，规定了制造要求和特性，从而以使得矿物绝缘电缆在正确使用时是安全可靠性的，并给出了相关检测和试验方法。

c. IEC 60702-2：2002 Mineral insulated cables and their terminations with a rated voltage not exceeding 750V-Part 2：Terminations

该技术标准适用于额定电压 500V 和 750V 铜芯铜或铜合金护套矿物绝

缘一般布线电缆的终端，规定了基本参数和试验要求等。

d. IEC 60227–1：2007 Polyvinyl chloride insulated cables of rated voltages up to and including 450V/750V-Part 1：General requirements

该标准适用于额定电压不超过 450V/750V 的聚氯乙烯绝缘电缆，规定了电缆的基本参数、试验项目和使用要求等。

2）蓄电池。

a. IEC 60896–11 Stationary lead-acid batteries-Part 11：Vented types-General requirements and methods of tests

该技术标准适用于固定应用的排气式铅酸蓄电池，且铅酸蓄电池长期连接负荷和发电厂和变电（换流）站用直流，规定了电池的技术要求、主要参数及相应的测试方法等。

b. IEC 60896–21 Stationary lead-acid batteries-Part 21：Valve regulated types-Methods of test

该技术标准适用于固定阀控铅酸蓄电池，应用于浮充电状态、固定位置、通信、UPS 及应急电源等，规定了电池的技术要求、主要参数及相应的测试方法等。

c. IEC 60896–22 Stationary lead-acid batteries-Part 22：Valve regulated types-Requirements

该技术标准适用于固定阀控铅酸蓄电池，应用于浮充电状态、固定位置、通信、UPS 及应急电源等，规定了测试程序、报告格式要求等，便于各类人员更好地理解 IEC 60896–21 的条款。

d. IEC 60622 Secondary cells and batteries containing alkaline or other non-acid electrolytes-Sealed nickel-cadmium prismatic rechargeable single cells

该技术标准适用于密封镉镍棱柱型二次单体电池，规定了符号标记、试验和技术要求。

e. IEC 60623 Secondary cells and batteries containing alkaline or other non-acid electrolytes-Vented nickel-cadmium prismatic rechargeable single cells

该技术标准适用于通气式镉镍棱柱型二次单体电池，规定了符号标记、设计、尺寸、试验和技术要求。

3）电力电子设备。

a. IEC 61204：1993 Low-voltage power supply devices，d.c. output-Performance characteristics

该技术标准适用于低压功率电源设备（包括开关电源），交流或直流输入电压不超过 600V、直流输出电压不超过 200V、30kW，规定了产品的基本参数、技术要求和试验要求。

b. IEC 62040–1：2008 Uninterruptible power systems （UPS）-Part 1：General and safety requirements for UPS

该技术标准适用于移动、固定、建筑物内的 UPS，规定了 UPS 的一般参数和安全要求。

c. IEC 60146–1–1：2009 Semiconductor converters-General requirements and line commutated converters-Part 1–1：Specification of basic requirements

该技术标准适用于半导体换流器，规定了产品的基本要求。

4）电气配件。

a. IEC 60898–2：2000 Circuit-breakers for overcurrent protection for household and similar installations-Part 2：Circuit-breakers for a.c. and d.c. operation

该技术标准是单极和双极直流断路器的补充要求，其中单极断路器直流不超过 220V，双极不超过 440V，额定电流不超过 125A，短路容量不超过 10000A 的断路器。

b. IEC 60934：2000 Circuit-breakers for equipment（CBE）

该技术标准给出了断路器设备的基本参数、试验和要求等。

c. IEC 61020–1：2009 Electromechanical switches for use in electrical and electronic equipment-Part 1：Generic specification

该技术标准给出了电子设备用机电开关的术语、特征、试验方法和其必要信息，标准适用于最大额定电压不超过 480V 及电流不超过 63A 的电子设备用机电开关。

d. IEC 61058–1：2000 Switches for appliances-Part 1：General requirements

该技术标准给出了设备开关的一般技术要求，标准适用于最大额定电压不超过 440V，电流不超过 63A 的设备开关。

5）熔断器。

IEC 60269–1 Low-voltage fuses-Part 1：General requirements

该技术标准适用于装有额定分断能力不小于 6kA 的封闭式限流熔断体的熔断器。该熔断器用于保护标称电压不超过 1000V 的交流工频电路或标称电压不超过 1500V 的直流电路。

6）电涌保护器。

IEC 61643–11 Low-voltage surge protective devices-Part 11：Surge protective devices connected to low-voltage power systems-Requirements and test methods

本部分适用于对间接雷电和直接雷电效应或其他瞬态过电压的电涌进行保护的电器。这些电器被组装后连接到交流额定电压不超过 1000V、50Hz/60Hz 或直流电压不超过 1500V 的电路和设备。规定了这些电器的特性、标准试验方法和额定值。这些电器至少包含一个用来限制电压和泄放电流的非线性元件。

7）低压开关。

a. IEC 61439–1：2011 Low-voltage switchgear and controlgear assemblies-Part 1：General rules

该技术标准适用于低压开关设备和控制成套设备，规定了产品基本性能的所有规则和要求，给出了产品的用途和试验方法等。

b. IEC 61439–2：2011 Low-voltage switchgear and controlgear assemblies-Part 2：Power switchgear and controlgear assemblies

该技术标准适用于低压开关设备和控制成套设备中的功率开关及成套设备，规定了产品基本性能的所有规则和要求，给出了产品的用途和试验方法等。

c. IEC 60947–1：2007 Low-voltage switchgear and controlgear-Part 1：General rules

该技术标准适用于低压开关设备和控制设备，规定了产品基本性能的所有规则和要求，给出了产品的用途和试验方法等。

d. IEC 60947–2：2016 Low-voltage switchgear and controlgear-Part 2：Circuit-breakers

该技术标准适用于低压断路器，给出了产品的用途和试验方法等。

e. IEC 60947–3：2008 Low-voltage switchgear and controlgear-Part 3：Switches，disconnectors，switch-disconnectors and fuse-combination units

该技术标准适用于低压开关、隔离开关、熔断器等，给出了产品的用途和试验方法等。

（2）设备使用要求。

1）电缆。

IEC 62440：2008 Electric cables with a rated voltage not exceeding 450V/750V-Guide to use

该技术标准适用于电压不超过 450V/750V 的电缆，是制造商使用指南的补充。

2）蓄电池。

a. IEC 62485–1 Safety requirements for secondary batteries and battery installations-Part 1：General safety information

该技术标准适用于固定应用的铅酸、镍氢、镍镉蓄电池组，给出了防电击、气体析出、电解液产生危害的主要措施。

b. IEC 62485–2 Safety requirements for secondary batteries and battery installations-Part 2：Stationary batteries

该技术标准适用于固定应用的铅酸、镍氢、镍镉蓄电池组，给出了防电击、气体析出、电解液产生危害的主要措施。在防电击方面分为防直接触电、间接触电。其中，自动切断电源是一种保护措施，系统接地型式有 TN-S、TN-C、TT、IT，B 型 RCD 适用于直流故障。

c. IEC TR 62060 Secondary cells and batteries-Monitoring of lead acid stationary batteries-User guide

该技术报告适用于固定应用的排气式和阀控式铅酸蓄电池，给出了监控、温度、浮充电流、浮充电压、交/直流内阻、在线放电方面的特性指标和程序。

3）电力电子设备。

a. IEC 61204–7：2006 Low-voltage power supplies，d.c. output-Part 7：Safety requirements

该技术标准适用于低压功率电源设备（包括开关电源），交流或直流输入电压不超过 600V、直流输出电压不超过 200V、30kW，规定了产品的安全要求。

b. IEC TR 60146–1–2：2011 Semiconductor converters-General requirements and line commutated converters-Part 1–2：Application guide

该技术标准适用于半导体换流器，给出了产品的应用指南。

c. IEC 62477–1：2012 Safety requirements for power electronic converter systems and equipment-Part 1：General

该技术标准适用于半导体换流器，规定了产品的安全要求。

4）熔断器。

IEC TR 60269–5 Low-voltage fuses-Part 5：Guidance for the application of low-voltage fuses

该技术报告用于指导低压断路器的应用，给出了限流熔断器保护复杂敏感的电气和电子设备的要求和方法。该报告适用于按照 IEC 60269 系列标准设计和制造的交流至 1000V、直流至 1500V 的低压熔断器。

5）电涌保护器。

IEC 61643–12：2008 Low-voltage surge protective devices-Part 12：Surge protective devices connected to low-voltage power distribution systems-Selection and application principles

该技术标准适用于连接到交流 50Hz 和 60Hz，交流电压有效值不超过 1000V，或直流电压不超过 1500V 的电涌保护器。规范了电涌保护器的选择、工作、安装位置和配合原则，包括在 IT 等系统中的应用。

6）低压开关。

a. IEC TR 61912–1：2007 Low-voltage switchgear and controlgear-Overcurrent protective devices-Part 1：Application of short-circuit ratings

该技术报告是低压开关设备和控制设备及成套设备标准短路定额的应用导则，给出了短路的定义，并对其应用提供相应示例。

b. IEC TR 61912–2：2009 Low-voltage switchgear and controlgear-Over-current protective devices-Part 2：Selectivity under over-current conditions

该技术报告提供了低压开关设备和控制设备中的过电压保护电器间的配合原则，并给出了应用示例。

（3）测试装置技术标准。

a. IEC 61557-1：2007 Electrical safety in low voltage distribution systems up to 1000V a.c. and 1500V d.c.-Equipment for testing，measuring or monitoring of protective measures-Part 1：General requirements

该技术标准适用于试验、测量、监测装置，其交流电压不超过 1000V、直流电压不超过 1500V，规定了产品的通用要求。

b. IEC 61557-8：2014 Electrical safety in low voltage distribution systems up to 1000V a.c. and 1500V d.c.-Equipment for testing，measuring or monitoring of protective measures-Part 8：Insulation monitoring devices for IT systems

该技术标准适用于绝缘监测装置，其交流电压不超过 1000V、直流电压不超过 1500V，规定了产品的通用要求。

c. IEC 61557-9：2014 Electrical safety in low voltage distribution systems up to 1000V a.c. and 1500V d.c.-Equipment for testing，measuring or monitoring of protective measures-Part 9：Equipment for insulation fault location in IT systems

该技术标准适用于绝缘故障定位仪，其交流电压不超过 1000V、直流电压不超过 1500V，规定了产品的通用要求。

d. IEC 61557-12：2007 Electrical safety in low voltage distribution systems up to 1000V a.c. and 1500V d.c.-Equipment for testing，measuring or monitoring of protective measures-Part 12：Performance measuring and monitoring devices

该技术标准适用于测量和监控电气参数的综合性能测量和监控装置，其交流电压不超过 1000V、直流电压不超过 1500V，主要给出了产品的电能质量、电压、电流、功率等参数要求，是产品的通用技术条件。

e. IEC 61557-15：2014 Electrical safety in low voltage distribution systems up to 1000V a.c. and 1500V d.c.-Equipment for testing，measuring or monitoring of protective measures-Part 15：Functional safety requirements for insulation monitoring devices in IT systems and equipment for insulation fault location in IT systems

该技术标准适用于IT系统的绝缘监测装置和IT系统的绝缘故障点测定装置，规定了产品的功能安全性要求。

8.3　发电厂和变电（换流）站用直流系统标准化体系结构研究

8.3.1　体系框架

根据本技术报告研究成果，发现围绕设计、试验、检测及运行维护方面的标准化工作在 IEC 方面存在缺失。同时，结合 IEC 现有的 TC 工作范围和发电厂和变电（换流）站用直流系统的技术发展需求，认为一个完整的发电厂和变电（换流）站用直流系统标准体系主要包括基础标准、系统设计标准、设备技术条件、施工验收标准、现场调试标准和运行维护标准。为此，本技术报告提出了发电厂和变电（换流）站用直流系统的标准体系框架，如图 8-1 所示。

8.3.2　框架说明

基础标准：包含发电厂和变电（换流）站用直流系统的专业术语、设备安全、系统安全、短路电流标准和低压设备绝缘配合等标准。这些基础标准均来源于已制定的 IEC 标准，基本能够满足发电厂和变电（换流）站用直流系统的需求。

设备技术标准：包含低压电器、导线、发电厂和变电（换流）站用直流设备、UPS 装置、低压成套开关等产品技术条件。同时，也包括蓄电池、电涌保护器、低压成套开关等部分设备的安全使用要求等，这些使用要求作为产品技术条件的补充，是用户的使用指南。设备技术标准均来源于已制定的 IEC 标准，是设备的通用技术要求，并非专门针对发电厂和变电（换流）站用直流系统。若部分技术标准不能完全满足发电厂和变电（换流）站用直流系统的要求，仅需对这部分技术标准进行修订。

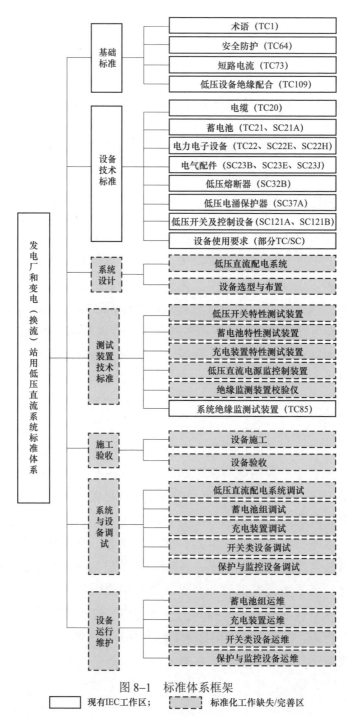

图 8-1 标准体系框架

□ 现有IEC工作区； ┌╌┐ 标准化工作缺失/完善区

166

系统设计标准：包括发电厂和变电（换流）站用直流系统设计、照明系统的设计、可靠性与风险评估，以及设备选型与布置等标准，这些系统层面的技术标准 IEC 尚未制定。

测试装置技术标准：包括充电装置特性测试仪、直流接地巡检仪等发电厂和变电（换流）站用直流系统专用的测试仪器设备。这些仪器设备已在发电厂和变电（换流）站直流系统中广泛应用，但其技术标准 IEC 尚未制定。

施工验收标准：包括发电厂和变电（换流）站用直流系统的主要设备的安装施工及验收标准。这部分标准是针对工程建设施工环节，尤其是为跨国电力工程而制定的，目的是为通过统一技术规范，减少工程纠纷。

系统与设备调试标准：包含元器件性能测试、系统功能测试、监控系统通信测试、设备安全性评估以及设备状态评价等。这部分技术标准应结合 IEC 的设备技术标准，重新进行制定。

设备运行维护标准：包括低压设备、发电厂和变电（换流）站用直流系统的运行和维护标准。这部分技术标准是针对发电厂和变电（换流）站用直流系统的专用标准，应结合 IEC 的设备技术标准，重新制定。

8.4　发电厂和变电（换流）站直流系统的标准制定需求分析

依据发电厂和变电（换流）站用直流系统标准体系，结合发电厂、变电站和换流站的建设、运维特点，从系统设计规范、设备选用技术条件及测试用仪器设备等方面开展标准制（修）订工作。

8.4.1　系统设计标准

制定下列标准：

发电厂和变电站照明设计技术规定

变电站用直流系统设计导则

换流站用直流系统设计导则

发电厂用直流系统设计导则

电力厂站用直流系统可靠性评估导则

电力工程电缆设计规范

电力工程交流不间断电源系统设计技术规程

光伏发电接入电力厂站用直流系统设计导则

8.4.2　设备技术标准

制定下列标准：

低压成套开关设备和控制设备智能型成套设备通用技术条件

低压固定封闭式成套开关设备

电力低压交直流智能型一体化设备技术条件

低压电器通信规范

电力工程厂站用直流设备通用技术条件及安全要求

电力厂站用直流系统用电压调整装置技术条件

电力用直流和交流一体化不间断电源设备

8.4.3　测试装置技术标准

制定下列标准：

电力用厂站用直流监控装置（含监控器及测量表计）

蓄电池电压巡检装置

蓄电池内阻巡检装置

电力用厂站用直流系统绝缘监测装置技术条件

电力厂站用直流系统用测试设备通用技术条件：蓄电池电压巡检仪

电力厂站用直流系统用测试设备通用技术条件：蓄电池容量放电测试仪

电力厂站用直流系统用测试设备通用技术条件：充电装置特性测试系统

电力厂站用直流系统用测试设备通用技术条件：直流断路器动作特性测试系统

电力厂站用直流系统用测试设备通用技术条件：蓄电池内阻测试仪

电力厂站用直流系统用测试设备通用技术条件：便携式接地巡测仪

电力厂站用直流系统用测试设备通用技术条件：蓄电池单体活化仪

电力厂站用直流系统用测试设备通用技术条件：绝缘监测装置校验仪

8.4.4 施工验收标准

制定下列标准：

低压母线槽选用、安装及验收规程

低压电气设备安装通用技术规范

发电厂厂站用直流系统施工及验收规范

变电站厂站用直流系统施工及验收规范

换流站厂站用直流系统施工及验收规范

8.4.5 系统与设备调试标准

制定下列标准：

变电站用直流系统交接试验导则

换流站用直流系统交接试验导则

发电厂用直流系统交接试验导则

8.4.6 运行维护标准

制定下列标准：

电力用蓄电池组运行与维护技术规程

电力用厂站用直流设备运行与维护技术规程

变电站用直流系统状态评价导则

变电站用直流系统状态检修导则

附录 A　发电厂和变电（换流）站用直流系统 IEC 基础技术标准一览表

序号	分类	技术委员会	标准编号	标准名称	范围
1	术语	TC1	IEC 60050-192: 2015	International electrotechnical vocabulary-Part 192: Dependability	
2	术语	TC1	IEC 60050-195: 1998	International electrotechnical vocabulary-Part 195: Earthing and protection against electric shock	
3	术语	TC1	IEC 60050-441: 1984	International electrotechnical vocabulary. switchgear, controlgear and fuses	
4	术语	TC1	IEC 60050-442: 1998	International electrotechnical vocabulary-Part 442: Electrical accessories	
5	术语	TC1	IEC 60050-461: 2008	International Electrotechnical Vocabulary-Part 461: Chapter 461: Electric cables	
6	术语	TC1	IEC 60050-482: 2004	International Electrotechnical Vocabulary-Part 482: Primary and secondary cells and batteries	
7	术语	TC1	IEC 60050-551: 1998	International Electrotechnical Vocabulary-Part 551: Power electronics	
8	术语	TC1	IEC 60050-601: 1985	International Electrotechnical Vocabulary. Chapter 601: Chapter 601 : Generation, transmission and distribution of electricity-General	
9	术语	TC1	IEC 60050-602: 1983	International electrotechnical vocabulary. Chapter 602: Generation, transmission and distribution of electricity-Generation	
10	术语	TC1	IEC 60050-605: 1983	International Electrotechnical Vocabulary. Part 605 : Chapter 605: Generation, transmission and distribution of electricity-Substation	
11	术语	TC1	IEC 60050-614: 2016	International electrotechnical vocabulary-Part 614: Generation, transmission and distribution of electricity-Operation	
12	术语	TC1	IEC 60050-826: 2004	International electrotechnical vocabulary-Part 826: Electrical installations	
13	术语	TC1	IEC 60050-845: 1987	International electrotechnical vocabulary. chapter845: Lighting	
14	安全防护	TC64	IEC 60364-1: 2005	Low-voltage electrical installations-Part 1: Fundamental principles, assessment of general characteristics, definitions	

续表

序号	分类	技术委员会	标准编号	标准名称	范围
15	安全防护	TC64	IEC 60364-4-41：2005	Low-voltage electrical installations-Part 4-41：Protection for safety-Protection against electric shock	
16	安全防护	TC64	IEC 60364-4-42：2010	Low-voltage electrical installations-Part 4-42：Protection for safety-Protection against thermal effects	该低压电气装置 第 4-42 部分：安全防护—热效应防护
17	安全防护	TC64	IEC 60364-4-43：2008	Low-voltage electrical installations-Part 4-43：Protection for safety-Protection against overcurrent	低压电气装置 第 4-43 部分：安全防护—过电流保护
18	安全防护	TC64	IEC 60364-4-44：2007	Low-voltage electrical installations-Part 4-44：Protection for safety-Protection against voltage disturbances and electromagnetic disturbances	
19	短路电流	TC73	IEC 61660-1：1997	Short-circuit currents in d.c. auxiliary installations in power plants and substations-Part 1：Calculation of short-circuit currents	
20	短路电流	TC73	IEC 61660-2：1997	Short-circuit currents in d.c. auxiliary installations in power plants and substations-Part 2：Calculation of effects	
21	短路电流	TC73	IEC TR 61660-3：2000	Short-circuit currents in d.c. auxiliary installations in power plants and substations-Part 3：Examples of calculations	
22	低压绝缘配合	TC109	IEC 60664-1：2007	Insulation coordination for equipment within low-voltage systems-Part 1：Principles，requirements and tests	
23	低压绝缘配合	TC109	IEC TR 60664-2-1：2011	Insulation coordination for equipment within low-voltage systems-Part 2-1：Application guide-Explanation of the application of the IEC 60664 series，dimensioning examples and dielectric testing	

附录 B 发电厂和变电（换流）站用直流系统 IEC 设备技术标准一览表

序号	分类	技术委员会	标准编号	标准名称	范围
1	电缆	TC20	IEC 60245–1：2003	Rubber insulated cables-Rated voltages up to and including 450/750V-Part 1：General requirements	
2	电缆	TC20	IEC 60702–1：2002	Mineral insulated cables and their terminations with a rated voltage not exceeding 750V-Part 1：Cables	
3	电缆	TC20	IEC 60702–2：2002	Mineral insulated cables and their terminations with a rated voltage not exceeding 750V-Part 2：Terminations	
4	电缆	TC20	IEC 60227–1：2007	Polyvinyl chloride insulated cables of rated voltages up to and including 450/750V-Part 1：General requirements	
5	蓄电池	TC21	IEC 60896–11：2002	Stationary lead-acid batteries-Part 11：Vented types-General requirements and methods of tests	
6	蓄电池	TC21	IEC 60896–21：2004	Stationary lead-acid batteries-Part 21：Valve regulated types-Methods of test	
7	蓄电池	TC21	IEC 60896–22：2004	Stationary lead-acid batteries-Part 22：Valve regulated types-Requirements	固定式铅酸蓄电池组.第22部分：阀调整型.要求
8	蓄电池	SC21A	IEC 60622：2002	Secondary cells and batteries containing alkaline or other non-acid electrolytes-Sealed nickel-cadmium prismatic rechargeable single cells	
9	蓄电池	SC21A	IEC 60623：2001	Secondary cells and batteries containing alkaline or other non-acid electrolytes-Vented nickel-cadmium prismatic rechargeable single cells	
10	电力电子	SC22E	IEC 61204：1993	Low-voltage power supply devices，d.c. output-Performance characteristics and safety requirements	
11	电力电子	SC22H	IEC 62040–1：2008	Uninterruptible power systems （UPS）-Part 1：General and safety requirements for UPS	
12	电力电子	TC22	IEC 60146–1–1：2009	Semiconductor converters-General requirements and line commutated converters-Part 1–1：Specification of basic requirements	

续表

序号	分类	技术委员会	标准编号	标准名称	范围
13	电气配件	SC23E	IEC 60898-2：2000	Circuit-breakers for overcurrent protection for household and similar installations-Part 2：Circuit-breakers for a.c. and d.c. operation	
14	电气配件	SC23E	IEC 60934：2000	Circuit-breakers for equipment（CBE）	
15	电气配件	SC23J	IEC 61020-1：2009	Electromechanical switches for use in electrical and electronic equipment-Part 1：Generic specification	
16	电气配件	SC23J	IEC 61058-1：2000	switches for electrical appliances. part 1. general requirements and test methods	
17	熔断器	SC32B	IEC 60269-1：2006	Low-voltage fuses-Part 1：General requirements	
18	电涌保护器	SC37A	IEC 61643-11：2011	Low-voltage surge protective devices-Part 11：Surge protective devices connected to low-voltage power systems-Requirements and test methods	
19	低压开关	SC121B	IEC 61439-1：2011	Low-voltage switchgear and controlgear assemblies-Part 1：General rules	
20	低压开关	SC121B	IEC 61439-2：2011	Low-voltage switchgear and controlgear assemblies-Part 2：Power switchgear and controlgear assemblies	
21	低压开关	SC121A	IEC 60947-1：2007	Low-voltage switchgear and controlgear-Part 1：General rules	
22	低压开关	SC121A	IEC 60947-2：2016	Low-voltage switchgear and controlgear-Part 2：Circuit-breakers	
23	低压开关	SC121A	IEC 60947-3：2008	Low-voltage switchgear and controlgear-Part 3：Switches，disconnectors，switch-disconnectors and fuse-combination units	
24	电涌保护器	SC37A	IEC 61643-12：2008	Low-voltage surge protective devices-Part 12：Surge protective devices connected to low-voltage power distribution systems-Selection and application principles	
25	低压开关	SC121A	IEC TR 61912-1：2007	Low-voltage switchgear and controlgear-Overcurrent protective devices-Part 1：Application of shortcircuit ratings	
26	低压开关	SC121A	IEC TR 61912-2：2009	Low-voltage switchgear and controlgear-Over-current protective devices-Part 2：Selectivity under over-current conditions	
27	电缆	TC20	IEC 62440：2008	Electric cables with a rated voltage not exceeding 450/750V-Guide to use	
28	蓄电池	TC21	IEC 62485-1：2015	Safety requirements for secondary batteries and battery installations-Part 1：General safety information	

续表

序号	分类	技术委员会	标准编号	标准名称	范围
29	蓄电池	TC21	IEC 62485-2：2010	Safety requirements for secondary batteries and battery installations-Part 2：Stationary batteries	
30	蓄电池	TC21	IEC TR 62060：2001	Secondary cells and batteries-Monitoring of lead acid stationary batteries-User guide	
31	电力电子	SC22E	IEC 61204-7：2006	Low-voltage power supplies，d.c. output-Part 7：Safety requirements	
32	电力电子	TC22	IEC TR 60146-1-2：2011	Semiconductor converters-General requirements and line commutated converters-Part 1-2：Application guide	
33	电力电子	TC22	IEC 62477-1：2012	Safety requirements for power electronic converter systems and equipment-Part 1：General	
34	熔断器	SC32B	IEC TR 60269-5：2014	Low-voltage fuses-Part 5：Guidance for the application of low-voltage fuses	

附录C 发电厂和变电（换流）站用直流系统 IEC 测试装置技术标准一览表

序号	分类	技术委员会	标准编号	标准名称
1	电气参数测量设备	TC85	IEC 61557-1：2007	Electrical safety in low voltage distribution systems up to 1000V a.c. and 1500V d.c.-Equipment for testing，measuring or monitoring of protective measures-Part 1：General requirements
2	电气参数测量设备	TC85	IEC 61557-8：2014	Electrical safety in low voltage distribution systems up to 1000V a.c. and 1500V d.c.-Equipment for testing，measuring or monitoring of protective measures-Part 8：Insulation monitoring devices for IT systems
3	电气参数测量设备	TC85	IEC 61557-9：2014	Electrical safety in low voltage distribution systems up to 1000V a.c. and 1500V d.c.-Equipment for testing，measuring or monitoring of protective measures-Part 9：Equipment for insulation fault location in IT systems
4	电气参数测量设备	TC85	IEC 61557-12：2007	Electrical safety in low voltage distribution systems up to 1000V a.c. and 1500V d.c.-Equipment for testing，measuring or monitoring of protective measures-Part 12：Performance measuring and monitoring devices （PMD）
5	电气参数测量设备	TC85	IEC 61557-15：2014	Electrical safety in low voltage distribution systems up to 1000V a.c. and 1500V d.c.-Equipment for testing，measuring or monitoring of protective measures-Part 15：Functional safety requirements for insulation monitoring devices in IT systems and equipment for insulation fault location in IT systems

参 考 文 献

[1] Electrical Power Systems Quality, 2012, Roger C. Dugan, Mark F.McGranaghan, Surya Santoso, H.Wayne Beaty, 978-0-07-176155-0

[2] The Statistical Treatment of Battery Failures, 2005, Jim McDowall

[3] Auxiliary DC Control Power System Design for Substations, IEEE, 2007, Michael J.Thompson, David Wilson

[4] 白忠敏，刘百震，於崇干. 电力工程直流系统设计手册. 北京：中国电力出版社，2009.

[5] DL/T 5044-2014, 电力工程直流系统设计技术规程

[6] IEC Std. 60038, IEC Standard Voltages

[7] Distribution automation handbook- section 3 elements of power distribution system, ABB, 1MRS757959

[8] IEEE Std-485, Recommended Practice for Sizing Lead-Acid Batteries for Stationary Applications

[9] IEEE Std-1115, Recommended Practice for Sizing Nickel-Cadmium Batteries for Stationary Applications

[10] IEEE Std. 946-2004, Recommended Practice for the Design of DC Auxiliary Power Systems for Generating Stations

[11] Relay Trip Circuit Design, Special Publication of IEEE PES PSRC

[12] 220V DC System at Thermal Power Station, Electrical Engineering Portal, 2014, Bipul Raman

[13] IEEE Std. 1015, IEEE Recommended Practice for Applying Low-Voltage Circuit Breakers Used in Industrial and Commercial Power Systems

[14] IEEE Std. 242, IEEE Recommended Practice for Protection and Coordination of Industrial and Commercial Power Systems

[15] Dynamics analysis of 220 V DC Auxiliary System in Power Plant Using Different Mathematical Models, Javor Škare, Koncar, Tomislav Tomiša, Miroslav Mesić

[16] IEC 61660-1, Short Circuit Currents in DC Auxiliary Installation in Power Plants and Substations – Part 1: Calculation of Short Circuit Currents, 1997

[17] GE Industrial Power System Data Book, General Electric Company, 1978

[18] Power System Analysis, J.C. Das, 2002

[19] Evaluation of IEC Draft Standard Through Dynamic Simulation of Short-Circuit Currents in DC Systems, A.Berizzi, A. Silvestri, Dario Zaninelli and Stefano Massucco, IEEE transactions on industry applications, 1998

[20] Verification of the Calculation Procedures for Evaluation of Short-Circuit Currents in 220 VDC Auxiliary System of TPP Rijeka, S. Tešnjak, J. Škare, N. Švigir

[21] Analysis of Auxiliary DC Installations in Power Plants and Substations According to Draft International Standard IEC – 1660, S. Skok, S. Tešnjak, M. Vuljanković, 1998.

[22] IEEE Std. 1491, IEEE Guide for Selection and Use of Battery Monitoring Equipment in Stationary Applications

[23] DL/T 1397.1-2014, 电力直流电源系统用测试设备通用技术条件 第 1 部分: 蓄电池电压巡检仪

[24] DL/T 1397.6-2014, 电力直流电源系统用测试设备通用技术条件 第 6 部分: 便携式接地巡测仪

[25] IEEE Std. 1189, Guide for Selection of Valve-Regulated Lead-Acid (VRLA) Batteries for Stationary Applications,

[26] Every Standby Power System Deserves the Right Battery, IEEE 41st Annual Petroleum and Chemical Industry Conference, ohn McCusker, 1994

[27] C.R.Acad.Sci. Paris 50, 640, 1860, G.Plante

[28] C.R.Acad.Sci. Paris 92, 951, 1881, C.A.Faure

[29] IEC Std. 60896-11 - Stationary Lead-Acid Batteries –Part 11: Vented Types –General Requirements and Methods of Tests

[30] IEC Std. 60896-21 - Stationary Lead-Acid Batteries –Part 21:Valve Regulated Types – Methods of Test

[31] IEC Std. 60896-22 - Stationary Lead-Acid Batteries –Part 22:Valve Regulated Types – Requirements

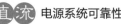

[32] IEC Std. 61056-1-General Purpose Lead-Acid Batteries(Valve-Regulated Types) –Part 1:General Requirements, Functional Characteristics – Methods of Test

[33] IEC Std. 61056-2 General Purpose Lead-Acid Batteries(Valve-Regulated Types) –Part 2:Dimensions, terminals and marking

[34] IEC Std. 62485-2-Safety Requirements for Secondary Batteries and Battery Installations – Part 2: Stationary Batteries

[35] Energy storage, 2010, Robert A.Huggins

[36] U.S. Patent3, 257, 237, 1966, O.Jache

[37] IEEE Std. 1187, IEEE Recommended Practice for Installation Design and Installation of Valve-Regulated Lead-Acid Storage Batteries for Stationary Applications

[38] J.Power Sources64(1997)131, D.Pavlov

[39] Lead-Acid Batteries:Science and Technology, Detchko Pavlov, 2011, 9780444528827

[40] Energy Storage, Yves Brunet, 2011, 978-7-111-41445-2

[41] AC&DC Auxiliary Power System and Measuring Instrument(in Chinese), 2005, Shanghai UHV Electric Transformation Companie, 7-5083-3445-0

[42] Power Electronic Technology, 2008, Hongwei Wang, Jie Zhang, 978-7-5083-8161-9

[43] DL/T 781-2001, 电力用高频开关整流模块

[44] SEL-421 Instruction Manual, Schweitzer Engineering Laboratories, Pullman, WA

[45] SEL-451 Instruction Manual, Schweitzer Engineering Laboratories, Pullman, WA

[46] SEL-487B Instruction Manual, Schweitzer Engineering Laboratories, Pullman, WA

[47] IEC Std.60439, Low-voltage Switchgear and Controlgear Assemblies

[48] Transmission and Distribution Electrical Engineering, ELSEVIER, 2012, Dr. C.R. Bayliss, B.J.Hardy

[49] DL/T 459-2000, 电力系统直流电源柜订货技术条件

[50] Integrated Protection and Control Systems With continuous Self-Testing, Michael Thompson, 2006

[51] IEC TR 62060- Secondary Cells and Batteries –Monitoring of Lead Acid Stationary Batteries –User Guide

[52] IEEE Std. 484, Recommended Practice for Installation Design and Installation of Vented Lead-Acid Batteries for Stationary Applications

[53] Measuring and Improving DC Control Circuits, proceedings of the 25th Annual Western Protective Relay Conference , Jeff Roberts, Tony Lee, 1998

[54] Predicting Battery Performance Using Internal Cell Resistance, Glenn Alber, www.alber.com

[55] DL/T 1397.2-2014, 电力直流电源系统用测试设备通用技术条件 第2部分: 蓄电池容量放电测试仪

[56] DL/T 1397.4-2014, 电力直流电源系统用测试设备通用技术条件 第4部分: 直流断路器动作特性测试系统

[57] DL/T 1397.3-2014, 电力直流电源系统用测试设备通用技术条件 第3部分: 充电装置特性测试系统

[58] Battery Internal Resistance, Technical Bulletin, 2005, Energizer Holding , Inc.

[59] DL/T 1397.5-2014, 电力直流电源系统用测试设备通用技术条件 第5部分: 蓄电池内阻测试仪

[60] Impedance and Conductance Testing, Technical Bulletin, C&D Technologies, Inc. www.cdtechno.com

[61] DL/T 1397.7-2014, 电力直流电源系统用测试设备通用技术条件 第7部分: 蓄电池单体活化仪

[62] IEEE Std. 450, Recommended Practice for Maintenance, Testing, and Replacement of Vented Lead-Acid Batteries for Stationary Applications

[63] IEEE Std. 1188, Recommended Practice for Maintenance, Testing, and Replacement of Valve Regulated Lead-Acid (VRLA) Batteries for Stationary Applications

[64] Enhanced Power Conversion: Integrating AC and DC Power With High Quality Filtering and Superior Efficiency, CE+T Power